U0247143

改变，从心开始

立 品 图 书 · 自 觉 · 觉他
www.tobebooks.net
出 品

从科学到神

一位物理学家的意识探秘之旅

[英] 彼得·罗素/著　舒恩/译

From Science to God

A Physicist's Journey into the Mystery of Consciousness

深圳报业集团出版社
SHENZHEN PRESS GROUP PUBLISHING HOUSE

《从科学到神》书评

彼得·罗素惯于把高度复杂的问题表述得极为简洁易懂，以帮助我们卸下教条唯物主义的自然观，认识到意识，即我们所谓的"神"，才是现实世界的真实本质。

——芭芭拉·马克思·哈伯德，《自觉进化》作者

此书无论是理论体系还是个人视角，都颇具深刻的洞见。它既是一部西方思想的发展史，也是一个知识分子在调和对科学的热爱尊重和自身日益觉醒的灵性的过程中所经历的挣扎。与同类著作不同的是，《从科学到神》指出了科学与灵性之间真正达成和解的可能性以及相关基础。

——温斯顿·富兰克林，美国加州思维科学研究所所长

彼得·罗素对意识的含义进行了全新的描述，向我们展示了一种新的宇宙观，并带领我们去碰触神秘

经验的核心，即在意识中体验上帝，在神性中发现意识。《从科学到神》是一本精彩、易读的转型之作。

——汤姆·哈特曼，《古老阳光的末日》作者

极为精彩。

——约瑟夫·沃斯基，《领导圣经》作者

一部具有远见卓识的力作，结合了神秘主义者的终极体验、数学家的精密分析、哲学家的有力诠释、诗人的感染力以及改革家的紧迫感，使我们认识到所谓终极之物乃是光、意识与上帝的融合。

——韦恩·蒂斯戴尔，《神秘的心》作者

一位得到大智慧的勇敢旅者的记录，他探索了科学家通常不会涉足的领域，并把这些体验与众人分享。对成千上万在生命中力求统一理性与直觉、科学与灵性的人来说，此书是无价之宝。

——劳瑞·杜西医师，《治疗语言》和《灵魂觉醒》作者

阅读彼得·罗素这部支持超验主义人生观的佳作，实在是一件愉快的事。身为数学家兼神秘主义者，他从唯物主义一路谈到冥想打坐，并对各种不同概念如

相对论、量子力学、光、意识等，都做出了令人信服的解释，当然还有对神的全新的、令人满意的答案。

——纳皮尔·柯林斯，环球商务网创立者

此书对意识有着极为清晰简明的介绍。

——里克·因格拉其，《砍柴打水即是道》作者之一

此书对现代物理学的突破性进展，以及众多宗教传统中对宇宙本质的神秘认识，都有极为清晰、易懂、简明的阐述。很多具有科学思维的怀疑论者读完这本书，也许会重新审视意识和宇宙的奥秘；同时那些更具灵性倾向的人也会发现，科学是通俗易懂且引人入胜的。

——菩提树书评

彼得·罗素把人类未来的演化方向与自己在科学和神秘学领域的探险之旅巧妙地融为一体。即使最多疑的读者看完《从科学到神》后也会承认，人类正处于迎接物种命运的临界点上。

——约翰·伦希勒，《迈向美好未来》作者

致　谢

许多人对本书的出版都功不可没。从我完成书稿到出版的一系列环节——编辑、设计、排版和印刷——我的出版经纪人朱莉·多诺万（Julie Donovan）都不间断地予以我鼓励和支持。

佐丽察·戈伊科维奇（Zorica Gojkovic）的帮助弥足珍贵。她不辞辛劳地与我一起完成终稿，调整结构，通顺文字，使书更为通俗易懂。

丁克·琳赛（Tinker Lindsay）见证了此书完成的多个阶段，她的写作经验使我受益良多。

博卡拉·勒让德（Bocarra Legendre）、克里斯蒂安·德昆西（Christian de Quincey）、辛西娅·阿尔维斯（Cynthia Alves）、德维特·琼斯（Dewitt Jones）、凯伦·玛利克（Karen Malik），还有大卫·埃默（Dave Emmer），他们向此书的各个版本提供了有用且深刻的建议。

我还要深深感激费策尔研究院（Fetzer Institute），

在其慷慨的帮助下，我方能专注写作，并使得本书以不可思议的速度完成了。

最后，我要感谢加州思维科学研究院的每一个人，感谢他们长期的支持和鼓励。

序 言

1.

本书的第一个版本是个半成品。和之前的书一样，我先把终稿做成副本拿给朋友、出版商、评论家及其他人看。现代高科技让打印书稿变得极为方便，我可以向更多人集思广益。

根据诸多读者的反馈，我对此版本进行了一些修订，重新改写了有关光与神、自我与神之间关系的内容，以使我的观点更为清晰。此外，我也重写了最后一章的大部分内容，来反映我思想的变化。

一个定期更新的推荐阅读清单可在我的网站 www.peterussell.com 上找到。

彼得·罗素

于索萨利托，加利福尼亚

2003 年

人类文明的未来有赖于历史上最强大的两股力量——科学与宗教。了解如何调适这二者之间的关系，比什么都重要！

——艾尔弗雷德·诺思·怀特海[①]

（Alfred North Whitehead）

[①] 译者注：艾尔弗雷德·诺思·怀特海（Alfred North Whitehead，1861～1947），英国数学家、哲学家。毕业于剑桥大学，在剑桥大学、伦敦大学和哈佛大学任教多年，留下了许多关于数学、哲学和教育论著，如《宗教的形成》《观念的历险》《教育的目的》等。怀特海是"过程哲学"的创始人，反对"科学的唯物主义"，认为自然和宇宙不是由物质组成的，而是由连续不断的经验和独立存在的"永恒客体"结合而成的。他认为上帝是存在的。

引　言

1.

1996 年春，我受邀到加州雷德伍德（California redwoods）参加一个有关意识演化的小型研讨会。当我坐在那儿听着各种辩论，诸如心灵的本质、神经化学的新发现以及意识起源的种种理论时，心里感到越来越失望。我想说"我们都是在开倒车"或类似的话，可当时我还无法用连贯的、理由充分的话将心中这些忧虑说出来——而在那样的场合，这是唯一一会被严肃对待的表达方式。所以我只能垂头丧气地坐着咬嘴唇。

几周后，在一班从洛杉矶飞往旧金山的飞机上，我翻看一本最近偶然淘到的旧书，作者是个荷兰人，写于 20 世纪 20 年代，书的内容对我而言没什么新鲜的，但却让我想起了感知的过程以及我们建构自己现实经验的方式。我在哲学读物，尤其是从康德（Immanuel Kant）著作里读到的那些东西一下子涌上心头。过去我对光的本质进行的物理学研究，以及对东方哲学和冥想（Meditation）的探索也在一瞬间豁然开朗。

突然之间，我困惑的根源变得清晰了。我们需要的不仅是一个崭新的意识理论，我们也必须重新思考关于现实本质的一些根本性假设。这也是我在那次研讨会中一直想要突破的领悟。我开始在纸上潦草地记录这些想法，当飞机着陆时，整幅图像在心中清晰起来。我们整个的世界观需要被彻底地颠覆。

接下来几个月里，我写了一篇文章，讨论意识在整合现实模型的各个部分中所起的主导作用。在此过程中，我发现相关的牵连比我预想的还要深远。新的世界观不仅会改变科学对意识的看法，也将开辟一个观察灵性世界的新角度，更让人惊讶的是，它将带给我们对神的全新的理解。

这个在飞机上播下的种子如今结出的果实就是这样一本书。如同对此类深奥问题的其他探索一样，这些想法是不完整的，其中许多也许永远不会完整。它们只代表目前我对新世界观中核心要素的一些思考，同时诠释了意识如何成为那座我们期待已久的、沟通科学与灵性的桥梁。

这本书是一个以科学为起点，最终抵达神的旅程，也是我个人的心灵成长之旅，我从一个对灵性世界几无兴趣的物理学家蜕变为意识的探索者，并对那些诉说了数千年的伟大的灵性教诲开始有了些许领悟。

目　录

1.

关于作者 / 168

第一章

从科学到意识

人们心怀惊叹登山临水

会心于河流悠长

大洋辽阔

玄想星辰回转

却从未打量过自我

——圣奥古斯丁 [1]（St. Augustine）

---

[1]　译者注：圣奥古斯丁（St. Augustine, 354 ~ 430），古罗马帝国时期基督教思想家，欧洲中世纪基督教神学代表人物，在罗马天主教系统被封为圣人。著有《论上帝之城》和《忏悔录》等，对后世影响巨大。

从本性来说，我一直都是一个科学家。从少年时代起，我就喜欢学习有关这个世界是如何运作的一切知识——比如声音如何在空气中飘荡，为什么金属受热会膨胀，漂白剂是怎么漂白的，酸为何会灼伤物体，植物如何知道何时开花，我们又是如何分辨颜色的，为什么透镜会使光线弯曲，陀螺旋转时怎样保持平衡，雪花为什么是六瓣的，天空为什么是蓝色的。

我越探索这些问题就越发着迷。16 岁那年，我开始生吞活剥爱因斯坦的理论，对量子物理学所揭示的矛盾世界感到惊奇。我钻研各种有关宇宙如何起源的理论，思考空间和时间背后的奥秘。我对掌管这个世界的法则和规律有着强烈的求知欲和永不餍足的好奇心。

与此同时，我对数学产生了极大的兴趣。数学被称为"科学的皇后与仆人"。不论是钟锤的摆动、原子

的振动或是一支射入疾风中的箭的运行路径，每一个
物理过程都是一个基本的数学表达式。数学的前提如
此基础、明显和简单，然而经由它，却揭开了那些最
为复杂的现象背后的法则。我还记得当我发现有个基
本的方程式——也是所有数学方程式中最简单最优雅
的一个——竟然同时掌管着光的传播、小提琴琴弦的
振动、陀螺的旋转以及星体的运行轨道时，我是多么
的兴奋。

> 物质已经达到了能了解自身的程度……人类是
> 宇宙星辰了解自我的工具。
>
> ——乔治·沃尔德（George Wald）

数字，对很多人而言是枯燥无味的，对我却有神
奇的魔力。无理数、虚数、无穷级数（infinite series）、
不定积分（indefinite integrals）——这些数字的学问，
说也说不完。我喜欢它们组合在一起的方式，犹如宇
宙拼图游戏的片段。

其中最让人着迷的是，整个数学王国全部是由简
单的逻辑推理搭建起来的。它似乎描述了一个放之四
海而皆准的真理，而这真理超越了物质、时间和空间。
数学起于空无，而一切事物均依托于它。如果那时候

你问我是否有神存在，我会说数学就是。

年轻的无神论者

我从小就对传统宗教抱持排斥态度。虽然作为教会的一员被抚养长大，但我对宗教的态度多少有些敷衍了事。像村里其他许多家庭一样，我们每隔几个礼拜才上一次教堂——这对反省我们的恶行和摆脱罪恶感已经足够了。宗教对我的影响仅止于此，它是我日常生活的一部分，却不是重要的那一部分。

十几岁的时候，我在教堂领受了坚信礼[①]（Confirmation）。假如这个仪式名副其实的话，我理应被确认为教会的正式成员。但事实并非如此，如果说我有什么可被确认的，那就是我对宗教本身所抱持的怀疑态度。

我能够接受诸如不犯罪、爱你的邻人、照顾病弱以及其他一些基督教徒的行为准则，可是对于他们期望我接受的另一些信条则采取退缩态度。每个星期天，

---

① 译者注：坚信礼（Confirmation），基督教一种仪式，根据教义，孩子在一个月时受洗礼，13岁时受坚信礼。只有被施坚信礼后，才能成为教会正式教徒。

大家聚在一起，尽职尽责地背诵《尼西亚信经》①（*The Nicene Creed*），比如"上帝，全能的父，天堂和大地的造物主……（耶稣基督）上帝的独生子，童贞女玛利亚所生……从死亡中复活……升天，并坐在父的右边"。如果说这类信条在 1700 年前制定的时候还有可信性，可是对一个生活在 20 世纪下半叶的未来的科学家来说，这是远远无法让人信服的。

哥白尼（Copernicus）早就提出，地球不是宇宙的中心。天文学家没有找到天空之上有任何天堂的迹象。达尔文（Darwin）推翻了上帝创造地球并在六天之内

---

① 译者注：《尼西亚信经》是传统基督教三大信经之一（其他两部为《使徒信经》和《亚他拿修信经》），于公元 325 年在教会的尼西亚会议上编订的，又于公元 381 年修订，全名为《尼西亚·君士坦丁堡信经》。此经强调了圣父、圣子、圣灵三位一体的意义，至今仍用于教会的弥撒仪式等。正文为："我们信独一上帝，全能的父，是创造天地和有形无形之万物的。我们信主耶稣基督，上帝的独生子，在万世以先为父所生，出于上帝而为上帝，出于光而为光，出于真神而为真神，被生而非受造，与父一性；万物都借着他受造；为救我们世人从天降临，因圣灵从童女玛利亚成了肉身而为人；又在本丢彼拉多手下为我们钉在十字架上，受害，葬埋；照圣经的话第三天复活；升天，坐在父的右边；将来必从威荣中降临，审判活人、死人；他的国度永无穷尽。我们信赐生命的主圣灵，从父、子而出，与父、子同样受尊敬，受荣耀；他曾借着众先知说话。我们信使徒所立的独一圣而公的教会。我们承认为赦罪所立的独一圣洗。我们望死人复活和来世的永生。阿门。"

创造所有生物的神话。生物学家也早就证明处女怀孕生子是天方夜谭。那么，我该相信哪一方？一方所宣扬的东西跟我的日常生活一点关联也没有，它的权威性就源自那些经典本身，而另一方则是借由实证来探求真理的当代科学。对 13 岁的我来说，选择显而易见，我从传统宗教中毅然抽身，在余下的青少年时光里，我的精神信仰的定位就在无神论者和不可知论者之间摇摆。

心理倾向

当然，我也不是一个顽固的唯物主义者。我并不认为自然科学就能解释万物。在差不多 15 岁的时候，我开始对人类那些尚未开发的心灵潜能产生了兴趣，诸如瑜伽行者活埋数日不死、滚钉板而毫发无伤这类故事总是深深吸引着我。我也对所谓灵魂"出体"这类事有所体验，并尝试通过强烈的换气呼吸或盯着闪烁的电灯泡这些举动来改变意识状态。我发展出自己的冥想技巧，虽然那时候我还根本不知道有冥想这回事。我也被外星人存在的可能性深深吸引。我觉得在如此广袤的宇宙中，不太可能只有我们的这个星球进化出了有意识的生命。

我也开始了生平第一次哲学探险。我和朋友们耗费数小时持续辩论意识是否能独立于大脑而存在。如果可以的话，意识和大脑之间是如何相互作用的？如果不可以，意识是被大脑加工制作出来的吗？当我们对这类讨论厌倦时，又一个相关话题冒出来了，那就是自由意志和宿命论的问题。假如所有的一切，包括我们大脑的各种状态都是由物理法则决定的，那我们的自由意志到底是真实的呢，还是一场幻觉？

尽管对人类心灵的探索深深吸引着我，但我压倒性的兴趣仍在物理科学方面，尤其是数学。所以到了上大学选专业的时候，我的方向是很明确的。剩下的问题只是申请哪所大学，但答案也很清楚——剑桥大学曾经是，也许现在依然是，全英国研究数学的最高学府。

预见乐土

我第一次造访剑桥，是在入学面试当天——面试是申请程序的第一关。

远远望去，这座大学城从平缓、湿润、绿意盎然的地平线上涌起，像是一处文化的绿洲。在通往市中心的路上，我看到街道两侧齐整的连排房屋和爱德华时代的老屋簇拥着宏伟的大学建筑。这些建筑横跨几个世纪——从古老的诺曼教堂、高耸的哥特式礼拜堂、华丽的伊丽莎白女王大厅到维多利亚时代的科学实验室，以及融化在阳光里的现代玻璃钢筋大厦。在每个学院的高墙内，精心修剪过的草地覆盖着天井和四方院，沉重的橡树木门后掩藏着沧桑的石楼梯，通向不知哪位世界知名教授的办公室。

大学城的中心地带是集市广场。与很多英格兰小镇不同，那里的传统集市已经被精美的鹅卵石标记所取代，剑桥的集市里挤满了售卖水果、蔬菜、鲜花、衣服、书、唱片、五金器具、玩具、家具和小摆设的摊位。这座城市的心脏依然活力四射，它的灵魂尚未被追逐效率和实用性的 20 世纪潮流所压垮。

当我穿过微风和煦的街区，步入即将要面试的学院时，心中突然生起一种感觉，那感觉就像有时候你碰到一个人，你很清楚日后你们还会有机会再次碰面和深入相处。我也很肯定，我一定会到这个风情别致的高等学府中学习生活的。

大约六个星期后，有一天早上我在上学路上和一位正在按既定路线派信的邮差擦肩而过。没由来的，一个念头出现在脑海里，这个邮差手里有封寄给我的信，而且那不会是别的信，只可能是剑桥给我的录取通知书。可实际上我并没有理由这么预期，因为尽管我的面试还不错，但我还没有参加入学考试呢。我打消了这个念头，继续往学校走去。

半小时后，我到了学校，有人通知我，刚才我妈打了个电话，说邮差送来一封剑桥的信，正是我的录取通知书。

上大学

九个月后，我"一步登天"——用剑桥的俗话说，开始了我的大学生涯。到校第二天，我和我的导师有了首次碰面，他是一位知名的英国文学教授。在剑桥，导师几乎不对学生做学业方面的指导，那主要是论文导师的职责。导师相当于"代职父母"（locus parents），这是一个拉丁词汇，他们的角色是关照学生的个人品行。

"别搞得太严肃了。"我的导师建议，"当然要听讲座，写作业，但这里最重要的资源是你身边这些人。你的同学皆是精英中的精英，将要与你同住的研究生和老师也都拥有这个国家最优秀的大脑。"

"傍晚餐桌上的对话，或是中午沿河边散步，与上午听讲座一样重要。你来这儿不只为拿到一纸文凭，也为了要成长为一个成熟的人，寻找到你自己。"

再没有比这更合适的时机去寻找自己了。那时候正是 20 世纪 60 年代，数百年沿袭的传统正在崩塌。大学刚刚废除了本科生在晚上出门必须穿校服的规定，男生也不会再因为和女生共处一室就被开除。学生发起了第一次静坐示威，挑战权威，争取对自己的教育有更民主的建议权。一面写有"还越南和平（Peace in Vietnam）"的旗子飘扬在国王学院礼拜堂的塔尖——爬上去挂旗子真是个大逆不道的举动。剑桥四处洋溢着一种希望的感觉、改变的可能性，并孕育着新东西。

和平的气息弥漫在空气里，爱也是。裹着阿富汗外套的嬉皮士与穿着晚礼服的学生快活地混在一起。白色脚踏车出现在校园里，车主不详，但谁想用的话，可以骑上就走。卡尔·马克思①（Karl Marx）、艾伦·瓦特②（Alan Watts）和马歇尔·麦克卢汉③

---

① 译者注：20 世纪 60 年代，欧美等国相继出现了"新左派"运动，马克思、马尔库塞、卢卡奇等人的著作被青年学生广为阅读和传播。

② 译者注：艾伦·威尔逊·瓦特（Alan Wilson Watts, 1915～1973），英国哲学家、作家，一生写了 20 多本著作，向西方读者引介包括禅宗在内的东方哲学。著有《禅宗的精神》等。

③ 译者注：马歇尔·麦克卢汉（Marshall Mcluhan, 1911～1980），媒介理论家、思想家。出生于加拿大埃德蒙顿市，1942 年获得剑桥博士学位，后在美国执教。著有《机器新娘》《理解媒介——论人的延伸》等，对西方学界影响巨大。

（Marshall McLuhan）的著作是流行的课外读物。胡椒
军曹（Sergeant Pepper）[1] 隔着庭院打招呼，任何人都
可以坐下来欣赏他们的演出。

转折点

我在自己最想待的地方，和最聪明的人一起在顶
尖学府学习。三年级的时候，史蒂芬·霍金[2]（Stephen
Hawking）成为我的指导老师。那时候他已经患上了
会使肌肉日渐萎缩的卢伽雷氏症[3]，但疾病还没有完全
接管他的身体。他能拄着一条藤杖自己走路，说话也

---

[1] 译者注：这里指演奏披头士（The Beatles）流行乐的嬉
皮。《胡椒军曹寂寞芳心俱乐部》（Sgt. Pepper's Lonely Hearts
Club Band）是披头士乐队于1967年发行的一张专辑，在当时
的年轻人中广为流传。

[2] 译者注：斯蒂芬·威廉·霍金（Stephen Willian Hawking，
1942～　），生于英国牛津，获剑桥大学哲学博士学位。21岁
时患上了罕见的卢伽雷氏症，终生被禁锢在轮椅上，只有三根
手指可以活动。1985年因肺炎穿气管手术丧失了说话功能，只
能靠电脑语音合成器与外界交流。霍金担任剑桥大学有史以来
最崇高的卢卡斯数学教授，是继爱因斯坦之后最杰出的理论物
理学家之一，代表作《时间简史》是全球最为畅销的科学著作。

[3] 译者注：又称"肌萎缩性脊髓侧索硬化症"，主要症状
是运动神经坏死和肌肉萎缩，患者身体如同被逐渐冻住一样，
俗称"渐冻人"。患者通常存活2～5年，最终因呼吸衰竭而死，
目前尚无根治方法，致病原因也尚不清楚。

清晰可辨。

和霍金一起坐在他的书房里，我的一半注意力会专注于他正在讲解的问题——或许是解释一个微积分方程式中特别困难的那部分，可是我的目光却落在他办公桌那堆积如山的文件上。这些纸上的字迹凌乱，并且写得很大，都是一些我看都没看过的方程式。后来我才知道，那些很可能就是他黑洞理论的一部分草创内容。

不止一次，他手臂的间歇性痉挛会使一些纸张滑落到地板上。我想把它们捡起来，但是他总是坚持不用去管它们。做宇宙学的开创性研究是一项无与伦比的成就，可是做这项工作的人，身体残障的程度也让人震惊不已。做他的学生，我感到异常荣幸，但也有点被吓到了。

然而，在我的内心深处，还有一些别的东西在酝酿着。

在数学方面，我已经达到了能够求解氢原子薛定谔方程[①]（Schrodinger Equation）的程度。薛定谔方程

[①] 译者注：薛定谔方程是由奥地利物理学家薛定谔提出的量子力学中的一个基本方程，也是量子力学的一个基本假定，其正确性只能靠实验来检验。它反映了微观粒子物质运动的规律，每个微观系统都有一个相应的薛定谔方程，通过解方程可得到波函数的具体形式以及对应的能量，从而了解微观系统的性质。

是量子物理学的基本方程之一。求解单个粒子的方程式比如电子，是相当容易的。但是求解两个粒子的方程式，比如电子和质子组成的氢原子，难度就很高了。然而一旦你能够求解，你就可以开始用这个方程式预测原子的运动。这对我而言是相当兴奋的事。从纯数学中衍生出来的函数竟然可以描述氢的物理属性，甚至在某种程度上也可以描述它的化学属性。

可是，另一个更艰深的问题也引起了我的兴趣。氢，这个最简单的元素，是如何演化成像我们这样的生命的？我们不仅可以思考广袤无垠的宇宙，理解它的运作，甚至能以数学的方式去研究氢。这透明的、无色无味的气体，最终如何演化成为一个具有自我意识的系统？简而言之就是，宇宙如何变得具有意识？

　　　　关于这个宇宙最不可思议的事就是，它是可以被理解的。

　　　　　　——阿尔伯特·爱因斯坦（Albert Einstein）

无论我怎样勤奋研究物理学，它也永远回答不了我这些更深层也更基本的问题。我觉得自己对探索心智和意识的兴趣越来越大，而不太能集中心思在我的数学作业上了。

我的导师察觉到我的分心，有一天他特地来问我，最近进展如何。我把心中所想和盘托出，告诉他我对自己所选研究方向的疑虑。他的回答也让我吃了一惊。他说："要么修完你的数学学位（当时我还有最后一年就可以毕业），要么在接下来的一年给自己放个假，好好去想想你到底要什么。"当他发现我对此很难决定时，便补充说："我希望你在周六中午给我答案。"

星期六，差五分就到正午了，我仍然在两种选择之间矛盾，挫败和浪费时间的感觉包围着我，我心里知道继续学习数学不会让我感到满足。最后，我向自己的直觉投降，决定先放一年假。当天下午，我就打包行李，向朋友们暂时告别，然后起程朝向前方未知的路。

两全其美

接下来的六个月里，我利用晚上为一个摇滚乐工作室制作灯光秀，其间时不时思考我的前途问题。

一开始，我想我也许应该学习哲学。

"哲学"这个词源自 2500 年前的毕达哥拉斯[①]（Pythagoras），虽然他更为人熟知的是对数学领域的研究。毕达哥拉斯的一生，即使以今天的标准来看，也是一个传奇。他十几岁从希腊到了埃及，耗费十年时间在寺庙里学习成为一名神职人员。波斯人攻打埃及中断了他的学习，还把他掠到巴比伦当奴隶。十年后，他才用自己的学问和聪明换得自由身。但他没有选择回到故乡希腊，而是又在巴比伦待了十年，在一所神秘学校里学习数学。后来他终于返回家乡，在意大利南部创办了一个社区，把他毕生所学的东西与学生们分享。

对他同时代的人来说，毕达哥拉斯是个谜一样的人物。他的生活打破常规。一个探访他社区的人问，你所从事的是怎样一种事业？他的回答是，我只是一个智慧的爱好者罢了。

————————

① 译者注：毕达哥拉斯（Pythagoras，约前 580 年～前 500 年），古希腊哲学家、数学家。出生于爱琴海中的萨摩斯岛（今希腊东部小岛）。自幼聪明好学，曾在名师门下学习几何学、自然科学和哲学。后游历埃及、巴比伦和印度等地，学习东方文明。50 岁返回家乡后，定居意大利南部城市克罗顿，建立了一个宗教、政治、学术合一的团体。在这个社团里，男女平等，一切财产归公，要遵守茹素、节欲、服从等戒律以净化心灵。毕达哥拉斯认为数学能解释世界上的一切事物，万物皆数，上帝通过数来统治宇宙。毕达哥拉斯发现了勾股定理（又称毕达哥拉斯定理），并用数学研究乐律，由此产生的"和谐"概念对古希腊哲学家有重大影响。

老实说，剑桥的哲学系在很大程度上已经偏离了
"爱好智慧"的宗旨，他们的大部分工作不过是在研究
过去的哲学家罢了。而当代的哲学家关注的则是流行的
逻辑实证主义 [①]（logical positivism）。我对逻辑那一套已
经受够了，它们对解释意识的本质问题没有多少贡献。

> 这目标并非将精神还原为物质，而是借提升物
> 质的属性来解释精神，同时解释自然的力量是如何
> 从尘与水混合的地球上魔术般地创造出一个能思考
> 自身存在的心智系统。
>
> ——奈杰尔·考尔德 [②]（Nigel Calder）

另一项接近意识主题的学术科目是实验心理学。
临床心理学常常要处理一些精神病患，实验心理学则
更关心人脑的正常功能，包括学习、记忆、感知的过

---

① 译者注：逻辑实证主义（Logical positivism）又称实证
主义或逻辑经验主义，是分析哲学的主要流派之一，形成于20
世纪20年代的奥地利，以维也纳学派为代表。它认为科学方法
是研究人类行为的唯一正确的方法。因此它虽然以感性的经验
为依据，却否认感性认识的积极作用，是不折不扣的理性主义。

② 译者注：奈杰尔·考尔德（Nigel Calder，1931 ~   ），
英国科学作家，曾任《新科学家》（New Scientist）杂志编辑。
著有《开启宇宙的钥匙》《世界大趋势》等。

程以及大脑如何建构世界的图像。我觉得这是迈向正
确方向的一步，所以决定返回大学去修习实验心理学
课程。

　　剑桥的学位结构有别于其他大部分高等学府，学
位是由各个学院授予的，所以你只能在同一个学院所
提供的课程内选择科目。举个例子，数学属于数学学
院，不能和属于伦理学院的哲学科目组合。而实验心
理学和理论物理学都属于自然科学学院。因为两者同
在一个学院，所以我可以把它们的课程组合在一起，
完成学位。况且，理论物理学和应用数学的很多课程
是一样的，甚至由一个老师讲授，只是教学楼和课程
名称不同罢了。

　　因此，我发现自己可以继续保持对数学和物理的
兴趣，同时也可以借由学习实验心理学展开我对内在
意识世界的探索。

第二章

意识的异常

一个新的科学真理会胜出，

通常不是因为说服了反对者，

敦促他们了解新知，

而是因为反对者死掉了，

新的一代成长起来。

——尼尔斯·玻尔 [①]（Niels Bohr）

———————

[①] 译者注：尼尔斯·玻尔（Niels Bohr，1885～1962），丹麦物理学家，为原子结构和量子力学的研究作出了重要贡献，并获得1922年诺贝尔物理学奖。

今天，在对意识的本质探索了 30 年之后，我更加深刻地认识到，意识对当代科学而言是一个多么重大的命题。科学在解释物质世界的结构和运作方面取得了巨大成功，但是对于我们的内在世界，诸如我们的想法、情感、感受、直觉和梦境，却几乎一无所知。对于意识本身的探讨，科学也是一片死寂。物理学、化学、生物学或其他任何科学，都没有对我们具有内在世界这一点有任何解释。从某个奇怪的角度说，科学家可能会觉得如果没有意识这类东西，他们会更快活一点儿。

亚利桑那大学的哲学系教授大卫·查莫斯（David Chalmers）把这称为意识的"艰难问题"。而所谓"容易问题"是指那些有关大脑功能及与之联系的精神现象，比如我们对外界的刺激如何分别、归类和反应，感官接收的数据如何与过去经验相结合，如何集中注意力，以及怎样区别清醒状态和睡眠状态等。

称这些是容易的问题只是相对而言。解决此类问题也许还要经过多年不懈的艰苦努力。然而不管怎样，加以时日和努力，我们有把握将这些"简单问题"全部解开。

而真正艰难的问题是意识本身。为什么大脑会经过一连串复杂的资讯处理而最终形成我们的内在经验？为什么在没有任何主观体验的情况下，这一切研究会摸不着头绪？为什么我们竟然会有内在的生命体验？

现在我相信与其说这是一个难题，不如说这是一个不可能解答的问题——在当今科学世界观的框架内，的确不可能解答。我们对意识的无能为力，最终把整个西方科学界推入了美国哲学家托马斯·库恩[①]所说的"范式转移[②]"中。

---

①　译者注：托马斯·库恩（Thomas Kuhn, 1922 ~ 1996），20 世纪美国科学哲学界最有影响力的人物之一。他提出了"范式"（paradigm）的概念，并以此概念为核心对科学史的发展历程进行了重新诠释。代表作有《哥白尼革命》和《科学革命的结构》（*The Structure of Scientific Revolutions*）等。

②　译者注："范式转移（Paradigm shift）"这个词最早出现在《科学革命的结构》这本书里。在库恩看来，范式是科学研究工作得出的一系列结果（包括定理、理论、应用、科学仪器等）共同构成的一个特定知识体系。一个范式被广泛接受，意味着一个科学领域的成熟。当现有范式不能解释某些自然现象时，新的、能解释这些现象的范式就会出现。而新旧范式之间没有必然的逻辑关联，换句话说，从旧范式推导不出新范式。范式的转移被库恩称为"科学革命"，科学的发展就是范式转移的过程。

范式

　　"范式"这个词（源自希腊文 paradigm，意即模式、范例、样板等）指被人们所普遍接受的理论、价值观及科学实践活动，它们组成了包括特定学科在内的"常规科学"。一种范式就是一个思想学派，是由特定科学实践形成的一系列假设。量子理论（Quantum Theory）、牛顿定律（Newtonian Mechanics）、混沌理论（Chaos Theory）、达尔文进化论（Darwin's Theory of Evolution）以及某些探索潜意识的心理分析模型（Psychoanalytic Model of the Unconscious Mind）都属此例。

　　范式随着时间而改变。两千年来，柏拉图（Plato）的理论支配了人们对于天体运行的认识。直到 17 世纪，牛顿定律才被人们广泛接受，成为新的范式。今天，爱因斯坦的相对论对物质在空间和时间中如何移动有了更精确的描述。与此类似，世界观转变的例子也发生在生物学、化学、地质学、心理学——简而言之，在所有的科学领域。

　　诸法皆妄见。

——佛陀

在托马斯·库恩那本颇具启发性的著作《科学革命的结构》中，他说明了一种范式向另一种范式转移的过程从来不是一帆风顺的，变革的压力经年持久，而改变本身却会突然而至。

这个过程开始于现有的范式遭遇到一个反常现象——一种无法以现有世界观加以解释的现象。由于我们对世界是如何运作的那些假设如此执著，乃至于反常现象一开始总是被忽略，或是被斥为错误的。又或者，当问题不那么容易被解决时，我们就尝试种种方法试图把它与现有范式整合起来。中世纪的天文学家在解释天体运转时，就发生过这种情况。

捍卫范式

一千多年来，天文学家一直在公元 140 年希腊哲学家托勒密① 建立的模型上解释他们的天文观测结果，那就是太阳、月亮、行星和其他恒星都以地球为中心

———

① 译者注：克罗狄斯·托勒密（Ptolemy，约 90～168），古希腊天文学家，"地心说"集大成者。他认为宇宙是一个有限的球体，分为天地两层，地球位于宇宙中心，所以日月围绕地球运行，物体总是落向地面。

在圆形的轨道上运转。

但是这种模型存在一些问题，尽管天体表面上是沿着圆形轨道在平稳运转，但行星却不然，它们在星辰之间漫游①，轨道飘忽不定，速度有快有慢，偶尔还会改变方向，这就是天文学上讲的"逆行（retrograde motion）"。而这些都是当时地心论范式（以地球为中心）所无法解释的异常现象。

天文学家想出的解决方法是提出了周转圆系统（a system of epicycles），即圆周运行的轨道本身也围绕着一个更大的圆周在运动。如果行星是沿着周转圆运动的，就可以解释一些异常的星体运动，而又不用放弃圆周运动的概念。

但是随着更多精确的天文数据被搜集起来，单一的周转圆系统显然也无法解释所有的不规则运转。因此中世纪的天文学家就提出了更复杂的周转圆系统——很多层的周转圆。当这些也无法解释观察结果时，他们就继续改良这个假设，致使整个系统变得累赘不堪。

---

① 原注：行星这个词源自希腊语"planeta"，意思是漫游的星星。

哥白尼革命

库恩提出，一个新的范式的转移，始于一些勇者敢于站出来挑战现有世界观背后的假设，并能够提出一个崭新的现实模型。然而，新的范式与现有世界观是如此背道而驰，乃至于它一开始总是无一例外地会遭到主流的排斥，甚至被耻笑。

16 世纪初，波兰天文学家哥白尼①提出了一个与现有世界观完全不同的、激进的观点。他认为行星之所以看起来是绕着地球转，是因为地球自身也在按照特定的轴线自转。所谓天空在运动只是观察者自身移动造成的一种错觉。

哥白尼不光提出地球不是静止不动的，甚至认为地球也不是宇宙的中心。他发现如果假定行星是绕着太阳而不是地球运转，就可以解释那些不规则的运行

———————————

① 译者注：尼古拉·哥白尼（Nicolaus Copernicus，1473～1543），是日心说的创立者，他并非职业天文学家，成年后大部分时间都在教会任职。40 岁时提出日心说，并经过长年观察和计算完成了《天体运行论》（*On the Revolutions of the Celestial Spheres*）。由于怕教会反对，哥白尼直到临死前才终于决定将这部著作出版。在书中他提出地球绕其轴心运转，月亮绕地球运转，地球和其他所有行星都绕太阳运转。但他也和前人一样严重低估了太阳系的规模，认为星体运行的轨道是一系列的同心圆。

现象了。顺着这个思路，他提出了最为异端的学说：地球也不过是绕着太阳运转的一颗行星罢了[①]。

我们出生于"日心说"被广泛接受的时代，所以很难想象这个理论当初被提出来的时候，会是怎样一种激进的异端邪说。当时的地球中心论不仅是一种人人都同意的信仰，并且也在日常生活里得到了验证。任何一个人抬头看天，都会看到太阳和星星划过天际，而地球是几乎一动不动的。提出地球本身在运动简直滑稽可笑。

> 所有真理在被接受之前，
>
> 都要历经三个阶段。
>
> 首先，被嘲笑；
>
> 然后，被反对；
>
> 最后，才被当作是不证自明的。
>
> ——叔本华（Arthur Schopenhauer）

[①] 原注：这一说法并不新鲜，公元前 270 年，希腊一位不知名的哲人阿里斯塔克（Aristarchus）就提出，地球和其他行星都绕着太阳运动。假如当时他的学说被普遍接受，而不是柏拉图和托密勒的学说占据主流的话，人类的历史进程可能会是另一番样子。

哥白尼也是一位牧师，他知道自己的理论不仅挑战人们的常识，也与教会对世界的看法大相径庭。因此他独自保守这个秘密长达 30 年之久。直到生命接近尾声，他感到这一重大发现不应随着自己进坟墓，才决定把它公开发表。当第一本薄薄的小册子《天体运行论》送达他手中时，正是他离世的那天。

哥白尼的担心是有理由的。果然，梵蒂冈反对本书中的观点，并很快把它列入禁书名单。这一伟大的发现足足被尘封和遗忘达 70 年之久。

完成范式转移

1609 年，意大利科学家伽利略[①]用他新发明的望远镜，找到了支持哥白尼学说的确凿证据。他看见金星也像月亮一样，都有周期性的运动——有时候呈半

---

① 译者注：伽利略·伽利莱（Galileo Galilei，1564 ~ 1642），意大利物理学家、数学家、天文学家，科学革命中的重要人物。其成就包括改进望远镜、支持哥白尼的日心说等。伽利略用望远镜确认金星的盈亏，发现木星最大的四个卫星，并观测及分析太阳黑子。在他公开支持日心说之后，受到天主教会的警告，他承诺会放弃这一观点。但他后来还是在《关于托勒密和哥白尼两大世界体系的对话》中捍卫日心说，结果被宗教裁判所判定"有强烈异端嫌疑"，被拘留在佛罗伦萨附近的一所村舍里度过了他一生中的最后九年。

月形，有时是新月形，有时是满月。这说明金星确实绕着太阳运转。伽利略还发现，木星周围也有几个小卫星绕着它运转，这更加有力地反驳了一切行星都围绕地球运转的假设。

伽利略将他的新学说出版后，教皇开始找他麻烦，要他收回这些异端邪说。早前几年，支持哥白尼学说的哲学家布鲁诺就被活活烧死在罗马的宗教审判所里。所以伽利略很明智地接受了教皇的警告。

但是伽利略不会甘心如此重要的真理被压制。1632年，他发表了《对话录》（*Dialogue*）[①]，这本卓越不凡的著作再次为哥白尼的观点辩护。再一次地，梵蒂冈向他发出警告，伽利略被迫宣誓放弃、咒骂并痛恨地球围绕太阳转的理论，并被判处终生软禁在自己家中。

坚称地球绕着太阳运转，如同宣告耶稣基督非处女所生一样荒诞不经。

——红衣主教贝拉明（Cardinal Bellarmine）

（审判伽利略的话）

---

① 译者注：《关于托勒密和哥白尼两大世界体系的对话》于1632年在意大利出版。书中采取对话的形式，让双方各自为两种见解提出证据，最终否定了亚里士多德的力学和宇宙论，支持哥白尼的体系。此书在人类文化史上占有重要地位。

与此同时，一位名叫约翰内斯·开普勒①（Johannes Kepler）的德国数学家从另一角度解开了行星运转之谜。开普勒有幸跟随丹麦天文学家第谷·布拉赫②（Tycho Brahe）学习，布拉赫积累了大量有关星体运行的精确数据。这些数据清楚地显示，即使这些行星都绕着太阳转，它们也不是沿着圆型轨道运转的。经过多年研究，开普勒发现，如果假设行星是沿着椭圆形轨道运转的，那一切有关行星不规则运动的问题就会迎刃而解。但是行星为何会以椭圆形的轨道运转，他还没有头绪。

答案要在70年后揭晓。英国数学家牛顿（Isaac Newton）发现，支配天体运转与地球上的物体运动的是同一种法则——使苹果掉到地上和使月亮围着地球

①　译者注：约翰内斯·开普勒（Johannes Kepler，1571～1630），德国天文学家、数学家。开普勒大学毕业后，最初在一所神学院担任教师，后来前往布拉格与第谷·布拉赫一起从事天文观测。第谷死前把自己所有的天文观测资料交给开普勒，要他据此编制星表，研究行星的轨道。后来开普勒发表了三条关于行星运动的定律，被称为"开普勒三定律"。

②　译者注：第谷·布拉赫（Tycho Brahe，1546～1601），丹麦贵族，天文学家兼占星术士和炼金术士。他发现了仙后座的一颗新星，后来受到丹麦国王的资助建造了观象台，经过20年的观测，又发现了许多新的天文现象。第谷曾提出一种介于地心说和日心说之间的宇宙结构体系。

转的是同一种力量。经过对运动方程式的计算，他证明了任何天体的轨道运行都是椭圆形的，这与开普勒当年的发现不谋而合。

随着最后这块拼图的解决，整个天文学革命完成了。哥白尼提供了核心的构想，但要加上其他几个同等重要的、由来自五个国家、跨越 150 年的科学家们的努力，才使太阳中心说被大众普遍接受，最后的结果是，人们观察自身所处世界的方式被彻底改变[①]。

元范式

从地心说到日心说的转变过程是发生在科学领域的"范式转移"的经典之例。然而，库恩的观点不应该只局限于特定的科学系统，我相信这一观点可以并且应该进一步被应用到整个西方科学中。

我们所有的科学范式都基于一种假设：这个物质世界就是现实世界，空间、时间、物质和能量是组成这个现实世界的基本元素。一般认为，只有当我们彻底地了解物质世界的运作之后，我们才可能解释关于这

[①] 原注：而梵蒂冈直到 1992 才对当年压制和软禁伽利略的做法表示道歉。

个宇宙的一切。

这个信念是我们所有科学范式的根基所在。因此，这不只是一种范式，而且是一种"元范式"（Metaparadigm）——范式之后的范式。

这个元范式如此成功地解释了几乎所有我们在物质世界遭遇到的现象，因此很少受到质疑。只是当我们进入心灵这个非物质世界时，这种世界观的缺陷才开始暴露出来。

我们无法从西方科学的任何内容里得出生物应该具有意识这一结论。比起解释为什么我们都拥有独特的内在体验，科学更容易解释氢是如何演变成其他元素的，它们如何结合成分子，进而组成活细胞，以及最终演化成如我们人类这般复杂的生物。

> 科学家处于一种奇怪的境地，他们每日面对自己具有意识这样一个确凿的事实，却无法给出任何解释。
>
> ——克里斯蒂安·德昆西 [1]
>
> （Christian de Quincey）

---

[1]　译者注：克里斯蒂安·德昆西（Christian de Quincey），美国灵性导师、宇宙学家，约翰肯尼迪大学哲学教授，写有多部关于意识和灵性议题的书籍。

从本质上，这些是不同**类型**（type）的问题。当基本粒子组合成原子，原子再组合成分子，分子就会形成同一类型的实体——所有这些都是物理现象。这一过程对于简单的生物细胞也适用。DNA、蛋白质（Proteins）和氨基酸（amino acids）和原子有着相同的基本类型。乃至于人类的大脑，尽管复杂得难以想象，仍然属于相同的基本类型。

然而意识则是完全不同的情况。意识不由物质组成，而物质在我们看来也并不具有意识。

我们也许无法解释意识本身，但我们具有意识这个事实却是不容置疑的。这个领悟是 350 年前的法国哲学家笛卡儿①（Rene Descartes）对于西方哲学的最大贡献之一。像古往今来的一切哲学家一样，笛卡尔也在寻找绝对真理。最后，他提出了怀疑论，一切都可以被怀疑——他强调，而一切被怀疑之物都不可能是

---

① 译者注：勒内·笛卡儿（Rene Descartes，1596～1650），法国哲学家、数学家。他提出"普遍怀疑"的主张，强调不能怀疑以思维为其属性的独立精神实体的存在；又认为宇宙中有精神世界和物质世界两个不同的实体，两者皆来自于上帝，而上帝独立存在。

绝对真理。

笛卡儿主张怀疑一切理论和哲学，怀疑任何人所说的话，怀疑我们眼睛所看到的这个世界，怀疑自己的思想和感觉，甚至我们真的有一副躯体这件事也值得被怀疑。但是有一样东西他无法怀疑，那就是他正在怀疑。这是确凿无疑的事实：他正在思考，而假如他正在思考，他就是存在着的。他用拉丁文总结"cogito, ergo sum"，即"我思故我在"。

这就是意识的悖论，它的存在是毋庸置疑的，但却无法解释。对唯物主义元范式来说，意识是一个巨大的反常现象。

捍卫元范式

正如库恩指出的，人们对反常现象的第一反应是忽略它。大部分科学家就是这么干的，而且有充足的理由如此行事。

首先，意识无法用观察物质的方法来观测，它无法被称重，无法被测量，也不能被固定。第二，科学家所寻求的普遍真理，是不受特定观察者的观点和心理状态所干扰的。为了达到这种客观性，他们会刻意避免任何主观想法。第三，他们觉得研究意识也没有必要，不用去探讨什么麻烦的意识，他们一样可以解释宇宙的运作。

但是许多科学领域的发展都显示出，意识不能再被轻易忽略了。例如，量子物理学发现，在原子的层次，观察者的行为会影响被观者呈现出的现实。在医学领域，人的意识状态对身体的自愈能力有莫大的影响。随着神经医学专家对大脑功能和与之关联的精神现象的理解越来越深入，主观体验的本质再次被凸显出来。

这些进展的结果是，有越来越多的科学家和哲学家开始试图解释意识是怎么来的。有些人相信，脑化学的进一步发展可以提供答案，也许意识就产生于神经肽的作用中。另一些人则期待量子力学能回答这个问题。每一个神经细胞都有很多可以制造量子效应的微管，也许是它们不知怎的就创造出了意识。也有人研究计算机理论，相信意识是从大脑运作的复杂过程中产生的。还有一些人试图在混沌理论中寻找解释。

可是无论怎么解释都回答不了那个老问题：非物质的意识是如何从无意识的物质中产生的？

所有这些方法都在解决这个问题上失败了，这也许意味着大家可能统统走错了路。因为它们都基于同一个假设上，那就是意识源自或依存于物质世界，如空间、时间和物质。不管用哪种方式，他们都把意识的异常现象纳入了本质上是唯物主义的世界观里。这就像中世纪的天文学家用增加周转圆的方法来解释行星的不规则运行一样，其背后的根本假设很少，甚至从来没有被怀疑过。

我现在相信与其用物质世界的术语来解释意识，我们不如发展出一种以意识作为现实基本组成元素的新的世界观。这个新的元范式的主要成分已经各就各位，我们不必再等待什么新发现，只需把现存知识体系中的各个部分加以整合，然后探索从中显现出来的新的现实图景。

第三章

有情的宇宙

一种万物皆具的本性，

却不为物所限；

超出所有造物，

但并不外在于它们。

——《未知的云朵》① (*The Cloud of Unknowing*)

---

① 译者注：《未知的云朵》是 13 ~ 14 世纪之间，一位不具名的英国基督徒写的一本关于静观灵修的书。

什么是意识？这个字眼之所以很难定义，部分是因为我们总是使它包含了太多别的意思。我们可以说一个清醒的人是有意识的，而睡着的人没有；或者有人醒着，却沉浸于自己的世界里，对周遭的事物只有隐约的意识。我们会谈到政治的、社会的及生态学的意识。我们也可以说人类具有意识，而动物没有，因为人类可以思考，并且有自我觉察。

任何一个英文的心理学词汇，都有四个希腊文词汇和四十个梵文词汇与之相对应。

——库马拉斯瓦米[①]（A. K. Coomaraswamy）

---

① 译者注：A.K.库玛拉斯瓦米（A. K. coomaraswamy，1877～1947），研究印度艺术史的开拓者和向西方介绍印度文化的著名翻译家。兼有锡兰和英国的血统，毕业于伦敦大学。著有《艺术中自然的变换》《词藻或思想的表现方式》等。

我在这里将要谈到的"意识"，不是指某种特定的意识状态，或者某种特殊的思考方式，我指的是一种意识的能力（the faculty of consciousness）——经验内在的能力，无论经验的程度和性质如何。

意识的能力有点像一架电影放映机投射出来的光。放映机把光投向银幕，然后通过变化光线来产生无穷的影像。这些影像就好比观念、知觉、梦境、记忆、思想和我们体验到的情感——我把它们称为"意识的形式"。但如果没有那束光线，这些影像就无从产生，而那束光线即是意识的能力。

我们知道所有银幕上的影像都是由这束光制造出来的，但我们通常很少觉察到这一点，因为我们的注意力都被银幕上的形象和故事吸引了。同样的，我们知道自己具有意识，但我们通常只觉察到浮现在心里的不同观念、想法和感情，很少能够觉察到意识本身。

意识遍布一切

意识的能力并不仅限于人类生命。一条狗也许不能觉察到我们所能觉察到的一切，它无法像人类那样思考或辩论，大概也不会和人有同等的自我意识，但这并不意味着它没有内在经验的世界。

当我观察一条狗时，我发现它也有自己关于这个世界的图像，那里面充满了声音、颜色、气味和感觉，它也可以像我们人一样懂得辨认人和地方。一只狗有时会显露出恐惧的感觉，有时则表现得很兴奋。当它睡觉的时候，它看起来也会做梦。腿和爪子的抽搐，似乎表明它正在梦里抓兔子。当狗发出尖叫和哀鸣时，我们可以推断出它正在经历某种疼痛。如果狗感觉不到疼痛，我们也就没必要费事地在给它做外科手术之前先打上麻药。

如果狗有意识，那么猫、马、鹿、海豚、鲸鱼等其他哺乳动物也必然具有意识。它们可能不像我们那样有如此强烈的自我意识，但它们绝非缺乏内在体验。同样的，鸟类也是一样，比如有些鹦鹉，似乎可以像狗一样警觉。而如果鸟类是有觉知的动物，以此类推，我们可以推断其他一些脊椎动物，如短吻鳄、蛇、青蛙、鲑鱼、鲨鱼也有意识。虽然它们的内在经验不同，但无疑都拥有意识的能力。

同样的理论也适用于进化树上更低的物种。昆虫的神经系统当然没有我们人类这么复杂，它们或许也不像我们对这个世界的体验如此丰富，但是我觉得没有理由怀疑它们也具有某种程度的内在体验。

所以，我们要在哪儿划定界限呢？我们通常假设在意识形成之前需要某种形式的大脑或神经系统。从唯物的元范式观点看，这个假设不无道理。如果意识是在物质世界演化的过程中形成的，那么这个演化需要发生在某种介质上，而最有可能的地方就是神经系统。

然而，我们接着就要面对唯物主义元范式的一个固有困境了。无论我们把人类大脑看成是数以亿计的细胞，还是成百上千的神经元和线虫，问题都是一样的，那就是：意识是如何从纯粹的物质之中产生的？

泛心论

目前这种元范式背后的基本假设是，物质是没有知觉的。而另一个变通的观点认为，意识的能力是大自然的基本属性。意识并非源自特定神经细胞的组合或是它们之间的交流反应，也不来自任何物质实体。意识是一直存在着的。

如果意识的能力始终是存在的，那么意识与神经系统的关系就需要重新评估。神经系统不是创造了意识，而更可能是强化了意识，增加了体验的丰富性，提高了体验的品质。这就像电影放映机一样，神经系统类似放映机的透镜，没有透镜，光仍然会投射到荧幕上，但影像就不那么清楚了。

在哲学概念中，意识存于万物的观点被称为"泛心论（panpsychism）"。在希腊文中，pan 是"所有、一切"的意思；psyche 代表"灵魂或精神"。不幸的是，"灵魂或精神"这样的字眼，暗示简单的生命形式也许也具备如人类生命那种品质的意识。为避免误解，当代哲学家用了另外一个字眼"泛经验论"（panexperientialism），来说明万物皆有体验。

不管叫什么名字，这一理论的基本信念是，内在体验的能力不是从完全无知觉、无体验的物质中演化或产生出来的。体验只能源于早就具备体验能力之物。因此，意识的能力必定是在整个进化树中一路存在下来的[①]。

我们知道植物对生长环境，诸如光照长度、温度、湿度、大气化学条件等条件非常敏感。有些单细胞生物甚至对物理震动、光和热也很敏感。谁又能说它们

---

① 原注：关于支持和反对泛心论及泛经验论的更详细的内容，可在克里斯蒂安·德·昆西所写的杰出论文《意识永无止境》（*Consciousness all the way down*）中找到，Journal of consciousness studies 1，NO.2（1994）217 ~ 229。

没有感知自身所处环境的微弱意识呢？我并不是说，它们具有和我们同等的知觉，或者它们有思维和情感。我只是说他们也具备意识的能力，也具有一些隐隐约约的体验。也许这种体验只是我们人类体验的丰富性和强度的亿万分之一，但它毕竟是存在的。

从这个角度，我们就无法在意识和非意识的实体之间画出一条界线了。只要有一丝体验，不管多么轻微，都是有意识的。比如在病毒、分子、原子甚至基本粒子中，都有某种体验的存在。

一些争论说，这类说法暗示连岩石也可以感知周遭世界，具有思想和感情，像人那样享有内在的精神生活。显然这是无稽之谈，不值一驳。假如一个细菌的体验是人类意识体验丰富度和强度的亿万分之一，那一块岩石晶体的体验程度比细菌还要微弱亿万倍。它们不可能具有人类意识的品质——它们只是对意识经验有最微弱的一瞥罢了。

意识的进化

如果意识的能力是普遍的，那么意识就不是从人类，或脊椎动物，或生物进化的任一阶段里产生出来的。进化过程产生的并非是意识的**能力**，而是意识体验的不同品质和维度——它们都是意识的**形式**。

最早的有机体细菌和藻类，它们没有感觉器官，只能感受生存环境中最基本的变化和特征。它们的经验是极其微弱的，就像投射在全黑银幕上的不易察觉的一丝微光，与我们人类复杂和细腻的经验相比，可以忽略不计。

随着多细胞生物体的进化，特定的感觉细胞出现了。有些专门感觉光线，另一些则感觉振动、压力或化学方面的变化。这些细胞协同运作，就形成了感觉器官，从而增强了生物体对信息细节和品质的接受度——同时也提升了意识自身的品质。

为了处理这些额外信息并将它们传递给生物体的其他部分，神经系统出现了。当传递的信息越来越复杂时，中央处理系统就发展出来，把不同的感觉形态整合到一幅世界图像中。

由于大脑越来越复杂，意识里浮现的图像增加了更多新的特征。而随着哺乳动物大脑边缘系统的出现，大脑中有一个区域专门负责对应生物的一些基本情感，如恐惧、激励及情感联结等。久而久之，哺乳动物的大脑进化得更为复杂，发展出一个全新的结构——大脑皮层（cerebral cortex）——随之而来的就是更好的记忆力、专注力、意志力和想象力。

至此，浮现在意识中的图像有了丰富的细节和多样的特性，使我们能够和自己的内在经验联结在一起。但是还没完，人类又演化出另一种能力——语言。意识的演化又向前跨越了一大步。

有史以来，人类第一次可以用语言来沟通彼此的体验。我们对世界的认识不再只局限于自己的感觉，我们也能够得知在其他时间和地点发生的事情。我们可以从彼此的经验中学习，并开始积累和收集关于这个世界的整体认知。

更不可思议的是，我们开始在自己的内在运用语言。我们倾听心里的话语，而不用说出口。这让我们可以在心里和自己默默地对话。我们的意识又增加了一个全新的维度：语言思维（verbal thought）。我们以此形成概念、欣赏创意、觉察事件中的模式、运用推理，并开始理解我们身处其中的这个宇宙。

接着，人类最重要的飞跃发生了，我们不仅可以思考周遭世界的本质，也能够思考关于思考本身。我们具有了自我意识——觉知到自己的意识。这开启了一扇通往全新领域的大门。我们演化成一个能够探索内在心灵世界的物种，并最终深入意识本身的性质。

第四章

现实的幻象

一切我们所见所感

皆是一场梦中梦。

——埃德加·爱伦·坡 [①]（Edgar Allen Poe）

[①] 译者注：埃德加·爱伦·坡（Edgar Allan Poe，1809～1849），美国作家、文学评论家。以悬疑、惊悚的推理小说最负盛名。著有短篇小说《黑猫》《金甲虫》，诗歌《致海伦》《钟声》等。

意识的能力是我们所共有的东西，但意识到的内容和呈现的**形式**却差别巨大。这是属于我们个人的现实，是只有我们自己了解并体验到的现实。我们总是误以为这种个人现实就是物质世界的现实，相信我们与"外面"那个世界是直接联系在一起的。但实际上，我们所体验到的颜色和声音并不真的"在外面"，它们全都是意识里的图像，是我们自己建构出的现实图景。这个事实令我们必须彻底重新思考意识与现实之间的关系。

我们从来就没有直接经验这个物质世界的观点引起了众多哲学家的兴趣，其中最有名的一位是 18 世纪德国哲学家伊曼努尔·康德[①]（Immanuel Kant），他

---

① 译者注：伊曼努尔·康德（Immanuel Kant, 1724 ~ 1804），德国哲学家、不可知论者、德国古典美学的奠定人。康德给哲学带来了哥白尼式的改变。他认为，我们其实根本不可能认识到事物的本性，我们只能认识事物的表象；在认识事物的过程中，人比事物本身更重要，不是事物在影响人，而是人在影响事物，是我们人在构造现实世界。这一论断与现代量子力学有共同之处：事物的特性与观察者有关。

把脑海中浮现出的（意识的）各种形式称为"现象①
（phenomenon）"（希腊文意指"可显现之物"），把产
生这个觉知的世界称为"本体②（noumenon）"（希腊文
意指"可感知之物"），并对两者做出了明确区分。康
德认为，我们所能认知的仅仅是现象而已。对于本体，
也就是"自在之物（thing-in-itself）"，它永远在我们
的认知之外。

　　三百年前，英国哲学家约翰·洛克③（John Locke）
提出，所有知识都建立在因外部事物作用于感官而引起
的知觉上。洛克认为知觉是被动的——心灵只是简单地
反映感官接收的图像而已。但是康德提出，心灵在这个
过程中是积极的参与者，不断重塑着我们对这个世界的
体验。他相信现实即是某种我们自己塑造之物。

---

　　① 译者注：在康德看来，我们自身所处的这个世界无非就
是现象的世界，我们的理性具有接受、整理、总结、塑造现象
世界的能力。而世界也只能通过现象被我们所接受、所理解。

　　② 译者注：在康德哲学中，本体主要指某种超越于感性、
直观或经验界限的东西，即超越现象世界的，只能由理智设定
而不能靠感官察觉的东西。因此，本体是不可知之物。

　　③ 译者注：约翰·洛克（John Locke，1632～1704），英
国哲学家，与大卫·休谟、乔治·贝克莱同为英国经验主义代
表人物。著有《人类理解论》《政府论》和《论宽容》等书。洛
克提出心灵是一块"白板"，人生下来是不带有任何记忆和思想
的。人类所有的思想和观念都来自或反映了人类的感官经验。

对于终极之物，我们一无所知。只有承认此点，我们才能回到平衡。

——卡尔·荣格[①]（Carl Jung）

与他的前辈哲学家不同，康德并不认为目前这个现实就是**唯一**存在的现实。爱尔兰主教及神学家贝克莱（Berkeley）就辩称，我们所能了解的只能是我们所感知到的，离开感知什么都不存在。但是这种论调把他推入一个困境，那就是当没有人感知的时候，这个世界会发生什么。康德坚持认为，**的确**有一个基本的实相存在，但那是我们无法直接认识到的，我们所能明白的仅仅是它如何浮现在我们心里罢了。

头脑映像

值得一提的是，康德在做出这样的推论时，并不具备我们今天的科学知识，也对感知的生理机能一无所

[①] 译者注：卡尔·古斯塔夫·荣格（Carl G. Jung, 1875～1961），瑞士心理学家，分析心理学的创立者。早年曾是弗洛伊德的合作者，后因观点不同与之决裂。荣格终其一生都对宗教体验保持着莫大的兴趣，并将神话、灵魂等引入心理学，其提出的"原型""集体潜意识"等理论对现代心理学意义重大。

知。现在我们对于大脑如何建构现实图像这一过程已经有了更多的了解。

当我看到一棵树，光的反射在我的视网膜上形成树的影像。视网膜里的感旋光性细胞释放出电子，引发电化学脉冲，然后沿着视神经传入大脑的视觉皮层。这些数据经过复杂的处理后描绘出了这棵树的形状、颜色和摆动过程。然后大脑把这些信息整合成一个连贯的整体，创造了自己对外部世界的重构。最后，一棵树的图像出现在我们的意识里。至于我们的神经活动如何产生了意识体验，就是我之前提到过的所谓"艰难问题"了。虽然我们不知道一个图像是如何从心灵中浮现的，但不管怎样，它发生了。我的确经历了看见一棵树的意识体验过程。

类似的过程也发生在其他感官领域。小提琴琴弦的振动在空气中产生压力波，这些波刺激了内耳中的微毛细胞，发出电脉冲输送给大脑，然后这些数据经过分拣组合，最终形成了我们听到的音乐。

一片苹果皮放射出的化学分子触动了鼻腔内的接收感官，引发了闻到苹果香味的体验。皮肤里的细胞把信息传递给大脑，导致了触感、压力、质地和温度等一系列体验。

总之，我们感知到的——看到、听到、尝到、碰到和闻到的———一切，都是经由感官所接收到的信息重塑出来的。我觉得我感觉到了外在世界，实际上只是感受到浮现在心里的颜色、形状、声音和气味而已。

> 每个人眼中的世界都是且永远是头脑构建之物，其他任何形式的存在都无法被证明。
>
> ——埃尔温·薛定谔[①]（Erwin Schrodinger）

对世界的感受让我们确信真的有一个"外面"的世界存在，但这种存在并不比夜晚的梦境更真实。在梦里，我们能察觉到发生在周遭的影像、声音和感觉，也能意识到自己有身体。我们能思考和推理，也会感受到恐惧、愤怒、欢乐和爱等情绪。我们在梦里和人说话、互动，体验到他人是独立存在的个体。梦似乎就发生在我们"外面"的那个世界。只是当我们醒来后就会意识到刚才只是一场梦——大脑创造的产物。

当我们说"这只是一场梦罢了"，是指梦中经验到

———————

① 译者注：埃尔温·薛定谔（Erwin Schrodinger，1887～1961），奥地利物理学家。概率波动力学的创始人，提出著名的薛定谔方程，为量子力学奠定了基础。薛定谔对哲学兴趣浓厚，他从叔本华那儿接受了古印度的吠檀多哲学，追求自我与宇宙精神的统一，写有《生命是什么》《心与物》《我的世界观》等哲学论著。

的事物并非建立在物质现实的基础上。它们只是被我
们的记忆、期望、恐惧和其他一些东西创造出来的梦
境而已。当我们处于清醒状态，我们对世界的图像建
立在从周遭物质世界提取出的感觉信息上。这使我们
清醒时的经验具有了梦境中所没有的连贯性和现实感。
但真相是，我们清醒的现实也和梦境一样，都是头脑
创造出来的。[①]

> 我赋予了所见之物对我而言的所有意义。
>
> ——《奇迹课程》[②]

现实是头脑创造之物的想法似乎与常识相悖。比
如就是现在，你能够觉察到眼前的书页、周围的物品、
身体里的感觉、空中传来的声音，即便你心里明白这

---

① 原注：这并不是说我们可以创造物质现实。有人相信
我们的思维和态度会对物质现实有直接的影响。不论可能与否，
这是一个开放的议题。我在这里指的仅仅是我们创造现实的个
人体验。

② 译者注：《奇迹课程》出版于20世纪70年代，作者为
哥伦比亚大学医学心理教授海伦·舒曼，她自称接到内在讯息，
促请她记录下听到的一切，其后用了约七年时间，完成了这本
旷世著作。《奇迹课程》虽采用了许多传统基督教术语，其精神
却是超越宗教派系的，它将东西方传统智慧转化为一套心理治
疗教材，传授宽恕之道，因为唯有宽恕才可能治愈人类根深蒂
固的罪疚心理，由此忆起生命本来的圆满境界。

一切都出于大脑对现实世界的重新建构，它仍然表现得好像是你直接经验到的物质世界一般。我不是说你要换个角度来觉察世界，只是说现在最重要的是我们必须明白，所有体验不过是头脑创造出的现实图像。①

现实的偏差

我们对世界直接感知所形成的印象通常极具说服力。尽管如此，偶尔我们还是会遇到一些现象，显示我们建构的现实发生了偏差。视觉错觉就是一个很好的例子。这种情况经常发生，因为大脑曲解了感官数据，乃至建立起来的现实图像具有了误导性和不连贯性。

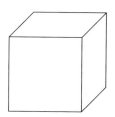

比如上面这个简单的图形，这是我们经常看到的

---

① 原注：这里所说的图像（image）不仅仅指视觉影像。我们听到的声音是听觉的影像，我们身体的感觉是制造出一个身体的影像，味道和气味同样会在我们头脑里制造出它们各自的影像。

立方体。但它究竟是从上俯看是一个立方体呢，还是从下面看是一个立方体？

多数人的第一反应是从"上面看"，也许是因为我们早已习惯从上往下去看矩形的物体，诸如桌子、盒子、电视机、电脑等。我们很少从下方去看这些物体。但是如果你把注意力放在最上面那条线，然后在心灵之眼中把它朝前移，你就会改变自己的观感，将它变成从另一个角度去看的立方体。

这个例子最不可思议的地方，还不是你可以从两个不同的角度看到这个立方体，事实上你不管从哪个角度看，你看到的都是一个三维立方体。你实际上是在一张纸上看到了十二根线，但是你感觉到的确是一个有深度的物体。这个深度或许极具真实感，但它实际上只是你头脑里演绎出来的罢了。

幻象

所以，有两种现实：一种是物质现实——不论"外面"是什么，都在刺激我们的感觉器官；另一种是个人体验的现实，是我们头脑中对世界的重建。而这两个现实都是真实的。

有些人声称，我们主观体验到的现实只是一种幻觉，可这种说法会使人误入歧途。虽然主观体验也许是大脑创造出来的，但却仍然是真实的，甚至是我们唯一所知的真实。

当我们混淆了体验的现实与物质的现实——混淆了事物的表现和本质时，幻觉就会出现。古印度的吠檀多哲学家①（Vedantic Philosophers）把这种幻觉称为"玛雅②（Maya）"。玛雅经常被翻译为"幻象"（意指对世界错误的感知），更准确的理解应为"错觉（delusion）"（即对这个世界的虚假信念）。当我们相信脑海中的图像**就是**外在世界，妄念就产生了。当我们以为我们看到的树就是树本身时，我们就上当了。

———————

① 译者注：吠檀多，源自 Veda-anta，意为吠陀之终极。吠陀（Veda）的原意为"知识""启示"，指印度最古老的文献资料，主要包括《梨俱吠陀》《夜柔吠陀》《娑摩吠陀》《阿闼婆吠陀》等，是印度宗教、哲学和文学之基础。吠檀多哲学是印度哲学史上的主流，它以无分别不二论为主导，认为"我"是永恒不灭的精神实在。在经验世界里，自然淘汰规律支配着所有精神性和物质性的现象，但永恒的"我"不受此限。这与佛家强调的"无我论"相冲突。吠檀多派的解脱是梵我合一，小我回归到大我，牺牲小我的意识以获得永恒的存在。吠檀多派的代表哲学家有跋陀罗衍那、商羯罗等。

② 译者注：玛雅（Maya）是印度教一个独特的概念，用来说明我们都遭受了巨大的幻觉，远离我们的真正本质，而在欲望的束缚中受苦。

不实如彼见，亦非无所有。

——《楞伽经》

我们以为自己直接与物质世界互动的假想，就如电脑屏幕上的图像一样。我们移动鼠标，可看起来却像是在移动屏幕上的光标。实际上，是鼠标把数据流传送给中央处理器，中央处理器计算出光标的新位置，然后在屏幕上呈现。早期的计算机在处理要求和在屏幕上呈现结果之间，还有一段明显的间隔。现在电脑的计算能力如此快速乃至于转瞬之间就可以在屏幕上呈现图像，鼠标移动和屏幕光标移动之间的间隔消失了，我们的体验就好像是直接在电脑屏幕上移动光标一样。

这与我们在日常生活中的体验相似。当我想踢一块石子，我把想要移动脚的意图传达给身体，然后我在物质现实中的脚就被移动到石头跟前。但是我不会直接经验到这个互动过程。大脑收到眼睛和身体传送回来的信息，然后更新相应的现实图像，就像计算机一样，物质世界发生的事和我体验到的事之间有一小段间隔，大脑要花差不多五分之一秒的时间收集感官信息，然后做出相应的回应。也就是说，我们对现实的觉知要比物质现实滞后大约五分之一秒，可是我们很少会注意到这个延迟，因为大脑很巧妙地把这一点掩饰了，留给我们的印象是，我们确实在和物质世界直接互动。

不可知的现实

假如我们的所知所感只是出现在大脑中的感官图像，那我们又如何能够确定这些感觉之后真的有一个物质世界存在呢？它难道不是一种假想吗？我的答案是：是的。它是一种假想，却也是最合理的一种。

首先，我们的体验是受限的。举个例子，我们无法穿墙，如果我们试着穿墙，不用想也会预知结果。同样的，我们也无法在清醒状态下在空气中飘浮或是在水面上行走。

其次，我们的体验也遵行着一定的规律。比如抛出去的球会在空中以抛物线的轨迹滑行，咖啡放时间长了会变凉，太阳总是按时升起。

最后，这种预见性是一致的，我们都体验着类似的东西。到目前为止，对这些体验的有限性和一致性最简单的解释是，真的有一个物质世界存在。我们虽然不一定能直接经验，却相信它就在那儿。

揭开这一现实背后的奥秘，是许多科学努力的目标。多年来，科学家们已经对掌管物质世界的定律和法则做出了许多阐释，但奇妙的是，他们越是深入研究物质世界的本质，就越发现这个世界与我们想象中的现实完全不同。

这其实没什么可大惊小怪的。如果我们所能想象的只是意识呈现出的形式和特质，那就不可能以此来描述物质世界背后的实相。

两千年来，我们都认为原子是细小而坚实的球体——这显然是从日常经验中得来的模型。当物理学家发现原子是由更基本的亚原子粒子（如电子、质子、中子）组成的，整个模型就转变为一群按轨道运行的电子环绕着居中的原子核——当然，这又是一个基于体验的模型。

一粒原子的体积虽小，仅仅是一英寸的十亿分之一，但是亚原子粒子比这还小成千上万倍。想象原子核可以放大到一粒米那么大，那么整个原子就有一个足球场大小，而电子们则是在看台上飞转的米粒般大小的东西。20世纪初英国物理学家亚瑟·斯坦利·爱丁顿①（Arthur

---

① 译者注：亚瑟·斯坦利·爱丁顿（Arthur Stanley Eddington，1882～1944），英国天文学家和物理学家。1919年他带领一个观测队到西非的普林西比岛观测日全食，第一次证实了爱因斯坦的广义相对论所预言的光线的引力弯曲现象。著有《相对论的数学理论》《恒星内部结构》等。

Eddington）说："物质是诡异的空无。"事实确实如此。一个原子中，99.9999999% 的空间是空无一物的。

如果物理现实的大部分都是真空，那为何我们这个世界看起来实在而坚固呢？为什么我把手放在桌子上休息时，手的 99.999999% 的空间不能穿越桌子 99.9999999% 的空间呢？最简单的解释是围绕原子核旋转的电子转速太快，它们创造了一个坚不可摧的外壳，以至于其他粒子无法正常穿越。试想一个人挥舞着一根系着秤砣的绳子，绳子不停地旋转，这时候没有人可以靠近他，因为他挥舞着的秤砣令你无法靠近。同样的，当两个原子相遇，它们各自的电子轨道阻止了彼此的渗透，它们表现得就如固体的球状物。

物质并非由物质组成。

——汉斯·彼得[1]（Hans-Peter Dürr）

随着量子物理学的发展，物理学家发现，即便是

---

[1] 译者注：汉斯·彼得（Hans-Peter Dürr），德国慕尼黑大学物理教授。他认为物质并非我们通常概念中的物质。世上只存在关系结构，不断地变化，生发，也就是说，这是一种没有物质基础的连接。这是一种我们只能感受而不可触摸的东西，我们可以将其称之为精神。物质和能量都是精神凝结僵化后的产物。

亚原子粒子也远远不是坚实的固体。事实上，它们并不像任何我们所知的物质。它们无法被精确地固定和测量，大部分时间它们更像是能量波而非粒子。它们就像是变化无穷的模模糊糊的云状物，没有固定的位置。不论物质是什么，它几乎没有实质性的实体。

领会那不存在的

脑海里出现的关于这个世界的影像与真实的物质世界之间有着极大差别，这差别表现在两个互补的方面。

一方面，我们脑海中的现实图像**比**物理现实**更**丰富，因为它包含了很多物理现实所没有的品质。以我们体验到的"绿色"为例，在物质世界中，光有不同的频率，但光本身并不是绿色的，从我们眼睛传导给大脑的电子脉冲也没有颜色。我们看到的绿色只是意识创造出的一种品质，它只存在于头脑的主观体验中。

声音也是如此。当贝克莱主教提出，除了我们的感知之外什么都不存在，一场轰轰烈烈的辩论随之展开。比如假如没有人听到的话，一棵树倒下是否会发出声音？当时的人对声音如何在空气中传播还一无所知，也不懂得耳朵和大脑的功能。今天，我们对这个过程有了更多的了解后，可以说答案是"不"。因为物质世界中本来就没有**声音**这种东西，只有空气中的压力波，声音只作为感知者的体验存在于头脑中——不管这个感知者是人，是鹿，是鸟，还是一只蚂蚁。

另一方面，我们的意识塑造出的现实映像跟物理现实相比又会**贫乏得多**，因为外部世界的很多层面是我们永远也体验不到的。

以我们的眼睛为例，我们的肉眼只对狭窄的、频率范围在 430000 到 750000 千兆赫（一个千兆赫等于每秒十亿个周期）的光敏感。低于此频率的是**红外线**（Infrared radiation）（低于红色），更低的还有微波（Microwaves）和无线电波（Radio Waves）；高于此频率的是**紫外线**（Ultraviolet rays）（高于紫蓝色），更高的是 X 射线（X rays）和伽玛射线（Gamma rays），但这些都是我们的肉眼所看不见的。我们的视觉图像只呈现了现实的一小部分而已。

我们的其他感官也是如此。我们听到、闻到、尝到的都只是物理现实中有限的片段。此外，物质世界中其他的部分，如磁场和电荷，对我们的体验影响极小，几乎是空白。

人类不能感受到的世界，有些动物却可以。比如狗，它可以觉察比我们能听到的声音频率更高的声波，它的嗅觉估计比人的敏感度高一百万倍。假如我们能把自己带入狗的大脑中,我们会发现这个世界完全变样了。试想一下,我们能够侦测几小时前路过此地的某个人的气味,并能追踪这种气味,把这个人从数英里之外的成千上百人中找出来,这会是怎样一种体验。

　　我们认识到,不止有一个空间和时间存在,而是有多少主体,就有多少空间和时间。

　　——雅各布·魏克斯库尔①(Jakob von Uexküll)

　　我们不难想象一只狗的情况,因为它的感官知觉只是我们的延伸,但是一只海豚的感觉就难以想象了。海豚具有高度发达的回声定位系统,它所能体验的东西大部分人是无法想象的②。当海豚通过声纳感知我的时候,它不会把我感知为一个实体。它的声纳图像类似于我们检测母体内胎儿发育情况的超声波。海豚可以感知到我体内器官的形状和运动,如心跳、胃的蠕

----

　　①　译者注:雅各布·魏克斯库尔(Jakob von Uexküll, 1864～1944),德国生物学家,生物符号学的创建者。他认为我们人类有我们的感觉世界,其他生物也有其独特的感觉世界。著有《生物看世界》等。

　　②　原注:有些盲人也具有一定的回声定位能力,这或许会引起一些类似的体验,尽管它不那么发达。

动、肌肉运动的情况等。它可以清晰地透视我体内的反应，就如同我能清楚地看见一个人皱眉一样。

其他生物也会经历一些我们人类无从知晓的体验。大多数蛇都对电磁频谱范围内的红外线这一段非常敏感，所以能"看见"它们的猎物所散发出的热量。蜜蜂可以看到紫外线频谱，对光的偏振（polarization of light）非常敏感。鲨鱼、鳗鱼和其他一些鱼类可以探测到电子场的微弱变化。它们所建构出的现实对人类而言都是未知的体验。

> 没有一种生物能觉知到所有存在和发生的一切。
>
> ——朱迪丝和赫伯特·科尔
>
> （Judith and Herbert Kohl）

总之，这个宇宙中有多少种生命，就有多少种不同的感知世界的方式。我们所谈论的现实只是人类观看和感知物质世界的特定方式而已。

新哥白尼革命

康德相信知觉的性质以及物质现实与我们体验的世界有所差别，这将为"哲学领域的哥白尼革命"奠定基础。

两百年后的今天，这一预言眼看成真。哥白尼革命的核心见解是认识到地球在太空中转动，而康德对两种现实之间区别的洞见，则会开启一扇通往全新元范式的大门。

此两者所提出的核心观点全都挑战了常识。在哥白尼时代，地球看起来是静止不动的，这是个显而易见的事实。今天，一个同样明显的事实是，我们就是在直接感知物质世界。即使理智上接受我们对这个世界的全部体验都是由意识建构出的，但最终我们必须正视这点，即"外面"的那个世界就围绕着我们。

我们也许始终会以原来的方式观看世界。即使现在，哥白尼革命过去了五百年之后，我们仍然**看见**的是太阳每天落下，即使我们知道这是地球围绕太阳旋转的结果。

尽管如此，我们仍有可能以别的方式观察。你只需找到一个地方，那儿能看到宽广的地平线，然后，与其想象自己是静止不动的，不如想象自己站在我们称之为地球的这个巨大球体上，它缓慢地在太空中自西向东运转。当它转动的时候，新的天空从东边进入我们的视野，其他部分则从西边脱离我们的视线。这样，你看见的不再是日落，而是地平线升起，将太阳遮盖。同样的，当地平线的另一边下降时，满月就会升起，新景象诞生了。以这种方式改变我们的知觉，哥白尼的理论就变成一个可以体验到的现实。

但是，当牵扯到我们对周围世界的感知时，做这类练习就有点困难了。因为不管我怎么努力，我都不能体验到一个事实，那就是所有这一切只是我头脑里的影像而已。虽然如此，这并不意味着我们不能换个角度看世界。一些曾经亲身实证到意识本质的心灵导师宣称，他们获得了一种新的感知方式。

也许对这种另类意识模式最清晰简洁的描述来自当代印度圣人尼萨迦达塔①（Sri Nisargadatta Maharaj），他形容自己心灵觉醒时说：

> 你会确凿无疑地认识到，世界在你之中，而不是你在世界之中。

另一位当代的先知斯瓦米·穆克塔南达②（Swami Muktananda）说：

———————

① 译者注：尼萨迦达塔（Sri Nisargadatta Maharaj，1897～1981）是近代南印度最富盛名的开悟者拉玛那·马哈希尊者的弟子，据称他在37岁时彻悟本心。他说，人以为这副身体、这些想法就是自己，这是完全搞错了，而人所有的苦难都来自于此。1973年他的问答实录英文版《I Am That》在西方出版，引起轰动，许多求道者不远千里而来，而闻风得渡者亦不乏其人。

② 译者注：斯瓦米·穆克塔南达（Swami Muktananda，1908～1982），印度瑜伽行者，在全世界50多个国家建立了300多所瑜伽中心。

你就是整个宇宙。你存于万物之中，万物也存
于你之内。日月星辰与你一同旋转。

备受推崇的印度圣典《阿什塔夫梵歌》①（Ashtavakra
Gita）说：

宇宙从我的感知中产生，在我之内弥漫……世
界在我中出生，在我中存在，也在我中消融。

这些人似乎都已从幻象的大梦中惊醒，这种幻象是
我们直接体验物质世界而产生的错觉。而他们所知的这
些都是个人真实的体验，而非理论教条。他们的整个世
界都是心灵的展现。这些人——我们有时称他们为"觉
悟者"——是亲身完成了新的元范式转换的一群人。

颠覆现实

哥白尼的洞见彻底颠覆了我们对宇宙的理解。同

---

① 译者注：《阿什塔夫梵歌》（Ashtavakra Gita）是印度一
个非常古老的梵文文本，主要呈现了不二吠檀多的传统教导。

样的，物质世界与我们体验到的世界的差别，也使意识世界与物质世界的关系完全转换了。在现代的元范式中，意识被假设是从空间、时间和物质组成的世界中衍生出来的，但是在全新的元范式里，我们所知的一切都是意识的显现。

> 物质源自精神，而非精神诞生于物质。
>
> ——《西藏大解脱书》[1]
>
> （*The Tibetan Book of the Great Liberation*）

我们认为世界是由物质组成的。就真实的物理现实而言，也许的确如此——虽然我们现在对物质的终极本质还不是很确定，但我们感知到的世界却一定不是物质世界。我们实际了解的世界是被我们的头脑塑

---

[1]　译者注：《西藏大解脱书》（*The Tibetan Book of the Great Liberation*）于 1954 年在西方出版，编者为美国通灵学者瓦尔特·伊文斯·温兹（Walter Evans Wentz）。温兹 1878 年出生于新泽西州的特伦顿（Trenton），早年便对神秘学和西藏佛教感兴趣。他是藏族喇嘛达瓦桑珠的入室弟子，后来到牛津耶稣学院学习凯尔特民俗学，随后开始环球旅行。在喜马拉雅山南麓锡金的大吉岭，他得到了一些神秘的藏文典籍，这些资料被翻译成英文后，便以《西藏大解脱书》之名出版。这本书与《西藏度亡经》等开启了现代西方人认识东方神秘主义和灵性世界的大门。1960 年，瑞士心理学家荣格还为此书写过书评。

造出来的，这个世界由精神材料组成而非物质。我们
所认知、感觉和想象的一切，每种颜色、声音、感受、
思维及情感，都是意识衍生出的形式。在这个世界里，
所有的一切都在意识中被塑造了出来。

康德认为，这一理论对空间和时间同样适用。对
我们而言，时间和空间的存在是无可争辩的，它们是
物质世界的基本次元，而且似乎还独立于我们的意识
世界。康德认为我们之所以会如此感觉，是因为我们
无法用其他方式观察世界。人类的构造模式使我们不
得不在空间和时间的架构中去体验世界。时间和空间
并不是建立在现实之上，而是存在于我们的意识当中。

在那个时代，这是让人大吃一惊的想法——时至
今日，可能还会有不少人对此感到愕然——但是，现
代物理学正在佐证这个非同寻常的观念。

第五章

光的奥秘

我这大半生都在思考光为何物。

——阿尔伯特·爱因斯坦（Albert Einstein）

我在学习理论物理的同时修习实验心理学是一个极为偶然的决定。理论物理学使我更接近物质世界的终极实相，而对实验心理学的学习则是通往意识世界真相的第一步。越是深入这两个领域，内在和外在世界之间的距离就越被缩短。

将这两个世界联结起来的桥梁是光。

现代物理学的两个范式转移，相对论和量子物理学，都是由光的异常现象所引起的，两者都使人类对光的本质有了全新的理解。看来光似乎在宇宙中占据着一个相当独特的位置，在某种程度上，它是比空间、时间和物质更为基础的存在。

在这两个范式转移中，最吸引我的还是相对论。上高中的时候，我就思考过空间和时间本质的问题。读大学时，相对论仍是我所有物理学课程中最喜欢的部分。直到最近我才开始领悟到，相对论指出的方向与康德的论点完全一致。

　　相对论产生于光速的特殊性质。根据经典物理学，光速的测定随着观测者的移动而发生变化，这种情况在日常生活里经常发生。比如你在路上以每小时 20 英里的速度骑脚踏车兜风，这时候一辆汽车以每小时 30 英里的速度从你身边开过，那么对你而言，这辆车的速度只有每小时 10 英里。如果你再骑得快一点，速度也达到每小时 30 英里，那么这辆车对你而言就是零速度。你能边骑车边与汽车司机聊天。

　　光的速度当然比自行车快成千上万倍，所以你不会注意到光与你的相对速度之间有着显著的差别。但原理是一样的，你的速度越快，光相对于你的速度就越慢。但是当物理学试图测定这个变化时，却得到了令人困惑的结论。不论是与光同方向运动还是逆方向运动，光的相对速度竟然是一样的。

　　因为对这一结论感到困惑，两位美国科学家阿尔伯特·迈克尔逊（Albert Michelson）① 和爱德华·莫雷

① 译者注：阿尔伯特·亚伯拉罕·迈克尔逊（Albert Abrahan Michelson，1852～1931），美国物理学家。他以毕生精力从事光速的精密测量，发明了一种用以测定微小长度、折射率和光波波长的干涉仪，在研究光谱线方面起着重要的作用。他于 1907 年荣获诺贝尔物理学奖。

（Edward Morley）[1] 设计出了一种实验，能以 2 英里 /
秒的测量准确度来测算光速的变化，这比预期的准确
度高出一百倍。但是他们仍然得出了相同的结论，即
光的速度是保持不变的。

对现有的科学范式而言，这无疑是一个重大特例。
为何光不和其他事物遵循同样的规律呢？这说不通。

爱因斯坦的范式转移

爱因斯坦年轻的时候，无法通过电子工程系的大
学入学考试，毕业后申请数学和物理方面的教学职位
也均遭拒绝，最后，他在瑞士专利局找到了一份"三
级助研"的工作。闲暇时，他就思索各种各样的数学

————————

[1]　译者注：爱德华·莫雷（Morley Edward Williams，1838 ～
1923），美国物理学家、化学家。1887 年他与迈克尔逊的实验
推翻了以太假说。19 世纪，科学家们逐步发现光是一种波，而
生活中的波大多需要传播介质，如声波的传递需要借助于空气，
水波的传递需借助于水等。受传统力学思想影响，科学家便假
想宇宙到处都存在着一种称之为"以太"的物质，正是这种物
质在光的传播中起到了介质的作用。迈克尔逊—莫雷的实验结
果显示，光速在不同的惯性系和不同方向上都是相同的，即证
明了光速不变原理，以太其实并不存在。这一结果引起科学界
的震惊和关注，与热辐射中的"紫外灾难"并称为"科学史上
的两朵乌云"。其后爱因斯坦也被这实验结果影响，发展出了相
对论思想。

和物理难题，包括让人费解的迈克尔逊—莫雷实验（Michelson-Morley Experiment）结果。

1905 年，26 岁的爱因斯坦在科学界还寂寂无闻。他发表了两篇学术论文，一篇关于光量子的性质——稍后我们会涉及，另一篇关于移动物体的电动力学，其中他提出了一个针对光速问题的革命性见解，也为狭义相对论奠定了基础①。

相对论的基本前提并非前无古人。250 年前，伽利略就发现，假如你置身于一个没有窗户的封闭房间里，你是无法分辨出整个房间是静止的还是正在以稳定的速度移动，而你要进行一个实验，不论是在静止的房间里，还是在以稳定速度移动的房间里，其结果都相同。

举个例子，想象一下，你身处一架飞行着的飞机上，你朝地板扔了一只网球，这球会垂直下降（从你的角度）掉落到地板上，然后再弹回你的手中；它并不会以每小时 500 英里的速度猛撞向飞机的后翼。所以对你而言，这个球的运动让你感觉自己就站在地面上，你无法单单从球的反应来判断飞机在飞还是没动。

① 原注：爱因斯坦把它称为"狭义相对论"，将它与探讨地心引力和时间及空间的曲率问题的"广义相对论"区别开来。

伽利略的理论——今天被称为"古典相对论"——认为，物理定律，在匀速运动的参照系里都是相同的。"匀速运动"一词在此至关重要，它的意思是以恒定的速度朝一个不变的方向移动。假如飞机加速或掉头，你就可以判断出自己正在移动。这时候球会在地板上滚动，而你也许会感到身体与座位之间压力的变化。

古典相对论只涉及物理对象的移动，并未论及光。爱因斯坦继承了古典相对论，并对它做了更新。他提出相对论的原理对**所有**物理定律都是有效的，包括有关光的部分，它也适用于所有匀速运动框架中的情况。

1864 年，麦克斯韦尔[①]（James Clark Maxwell）提出，光是由电磁波组成的，有自己的运动方程式。这些方程组为以每秒 186282 英里（时速约为 6.7 亿英里）运行的光提供了精确的数值。爱因斯坦认为，如果在所有匀速运动的参照系中，该方程组都是一致的，则光速在这些参照系中也应是相同的。

换句话说，无论你以多快的速度移动，你所测量的光速**永远**是每秒 186282 英里——就像迈克逊和莫雷发现的那样。即使你以每秒 186281 英里的速度移动，

———————

① 译者注：詹姆斯·麦克斯韦尔（James Clerk Maxwell，1831～1879），英国理论物理学家、数学家，经典电动力学的创始人。他建立了描述电磁场的基本方程组，提出了光的电磁说。

光也不会以每秒 1 英里的速度经过你，光仍然保持每秒 186282 英里的运行速度。即使是最微小的差距，你也绝无可能赶上光[1]。

这些都与常识相悖。只能说在此类情况下，常识是错的。我们用来塑造现实的心智模型，是从一个终身的体验远低于光速的世界中得来的。而在接近光速的世界中，现实会完全不同。

时空的相对性

光对所有观察者呈现的速度都是一样的——不管他们以多快的速度运行，这已经够奇怪了，但更奇怪的是我们对于空间和时间的概念。

爱因斯坦的运动方程预测，运动中的时钟会比静止不动的时钟走得慢一些。在我们日常经历的速度中，这其中的差别可以忽略不计。但是当我们接近光速时，这个差别就变得显而易见了。如果你以 80% 的光速经

---

① 原注：这是光在真空中运行的速度。当光穿过某种介质，如玻璃或水，速度会减缓。这也就是为什么游泳池的底部看起来比实际离水面近，而棱镜和镜头可以折射光。我们在此需牢记，对物理学家而言，光不是我们肉眼能看到的那种光，它包括所有电磁辐射的范围，其中可见光谱只是频率中极小的一段。

过我，你的时钟将以比我慢一倍的速度运行。这种减速不但适用于人造时钟，也适用于所有物理的、化学的和生物的过程。你的整个世界会比我的慢，时间本身也会放慢。

尽管看起来很奇怪，但试验已经证明时间减速的确是会发生的。当极为敏感的电子钟被放置在飞往世界各地的飞机上，它们的确会按照预先计算的那样放慢速度，尽管差别非常小——亿万分之一——但却是存在的。

不光时间会改变，空间也会受到影响。当观测者接近光速时，长度的测量值（就是依照运动方向去测量空间）会变短，恰好与时间放慢的比例相同。假如你以80%的光速经过我，你那个世界的所有物体的长度会缩至我的三分之一。

这再次违背了常识。空间，像时间一样，看上去如此稳固而确定，不会根据你的速度而发生变化。然而，用接近光速的亚原子粒子所做的试验的结果，却证实了这些效应。你移动得越快，空间就越会被压缩。

自此，空间和时间本身，都注定会隐没于阴影中，只有两者联合组成的时空体，才能将一个独立的现实保存下来。

——赫尔曼·闵可夫斯基 [1]（Herman Minkowski）

光的国度

如果观测者以光速前进，根据狭义相对论方程的预测，时间将会完全停止，空间长度将收缩为零。对这种奇怪的现象，物理学家向来采取回避的态度。他们经常说没有东西可以达到光速，所以我们不用担心这种怪事会发生。

可是当物理学家说，没有东西能达到光速时，这个东西指的是具有质量的物质。爱因斯坦指出，不仅空间和时间会随着速度的增加而发生变化，质量也会变化。然而，质量的变化不是减少而是增加，移动的速度越快，质量越大。假如一个物体的移动速度达到光速，那它的质量会变成无穷大。而移动无穷大的质量需要无穷大的能量，比整个宇宙所蕴涵的能量都大。因此才推论说，没有东西能达到光速。

只有光能以光速运动。而光之所以能如此，是因

---

[1] 译者注：赫尔曼·闵可夫斯基（Herman Minkowski，1864～1909），德国数学家，四维时空理论的创立者，曾是爱因斯坦的老师。

为它不是物质实体，它的质量永远是零。

既然光以光速运动，我们不妨设想脱离肉体形态的观测者（没有质量的灵魂）也可以以光速运动。爱因斯坦的方程式预测，从光自己的角度看，它将以零时间行驶零距离。

这显示出光的一个非常奇怪的特性。不管光是什么，它似乎存在于一个没有过去也没有未来的国度，在那里，存在的只有当下。

光量子

更多关于光是什么及不是什么的发现，可以在现代物理学又一个重大的范式转移——光量子理论中找到。和相对论一样，引发这个范式转移的异常现象也与光有关。

当你将一根金属棒加热，一开始它会发出暗红色的光。越加热，它的颜色就越亮，会从红色变为橘色，然后是白色，最后发出带有蓝色的光。为什么会这样？按照传统物理学的说法，所有发光的物体都会发出同样颜色的光，不论其温度高低。

1900 年，德国物理学家普朗克（Max Planck）意识到，假如能量可以像他之前假定的那样，不是以连续的平滑流辐射，而是以离散的包或量子（源自拉丁字 quantum，意思是"数额"）的形式释放，他就可以解释颜色改变的原因。他提出任何能量的改变，不论是原子中的电子改变轨道，还是皮肤被太阳晒暖，都是由一些完整的量子数组成的。能量的转变会牵涉 1个，2个，5个或 117个量子数，不会是半个量子数或者 3.6个量子数。当普朗克把这些约束理论运用到灼热物体发出来的光时，就能精准地观测到颜色的变化过程。

五年后，也就是发表狭义相对论的同一年，爱因斯坦也得出了同样的结论。当时他正在研究新发现的光电效应，发现照射在金属上的光会释放电子。对电子的出现他唯一能做的解释是，光传输了一连串粒子或光子（photons），每个光子相当于一普朗克量子数，或能包（packets of energy）。

光的作用

量子可能是最小的能量传送包，但是一个量子所蕴含的能量却有非常大的差距。比如伽玛射线的光子所蕴涵的能量，就比一个红外线光子多了数亿倍。这就是为什么伽玛射线、X射线，甚至紫外线在某种程度上是危险的。当这些光子到达你的身体时，它们所释放出的能量足以摧毁一个细胞里的分子。而一个红外线光子被人体吸收时，它所释放的能量要少得多，它所能做到的只是使分子震动，让你感觉温暖一点儿而已。

尽管每个光子所蕴涵的能量有巨大差异，但是量子有一个共同之处，就是每个量子的作用量（action）是一样的。

数学家定义的作用量等于物体的质和运动距离的乘积，或物体的动量（momentum）乘以运动时间——两者等价。举例来说，同样的球抛过整个球场所需的作用量必大于只抛过一半距离的作用量，球的质量加倍则作用量也加倍。或者想象一下，你以固定速率能量输出的方式奔跑，如果你奔跑的距离增加一倍，那么作用量也将加倍——直观看来就是这样。

一个量子的作用量是微乎其微的，大约为 0.00 00000000000000000000000662618 尔 格／秒（ 或 6.62618×10^{-27} 尔格／秒，数学速记法），不过，该作用量的大小始终保持不变①。

————————

① 原注：尔格是能量单位。将一磅的物体举一英尺高，需要 13.5 百万尔格，所以它是极小的能量单位。如果你用一秒的时间举起一磅重的物体，所有的作用量相当于 13.5 百万尔格／秒。这大约是 20 兆亿量子的作用量。这说明了一个量子是多么微小。

这被称为普朗克常数 [1]（根据它的发现者命名）。它是现代物理学中出现的第二个普遍常数（universal constant）。与第一个普遍常数——光速（光所具有的常数）一样。光总是以相同大小的作用量入射。

所有物质都是大量的稳定的光。

——圣奥洛宾多 [2]（Sri Aurobindo）

跟相对论一样，量子论也指出，光是超越于空间和时间的。我们可以想象，光子从空间中的某个点发射，然后旅行到它被接收的另一个点。但是量子论认为我们对于它在途中发生的事其实是一无所知的，甚至不能说在两点之间光子是存在着的。我们能判断的只是，有一个发射点，也有一个与之对应的接收点，

———————

① 译者注：普朗克常数记为 h，是一个物理常数，用以描述量子大小。在量子力学中占有重要的地位，马克斯·普朗克在 1900 年研究物体热辐射的规律时发现，只有假定电磁波的发射和吸收不是连续的，而是一份一份地进行的，计算的结果才能和试验结果相符。这样的一份能量叫做能量子，每一份能量子等于 hv，v 为辐射电磁波的频率，h 为一常量，叫做普朗克常数。

② 译者注：圣奥洛宾多（Sri Aurobindo，1872～1950），印度传奇人物。早年在英国接受教育，回国后从事争取印度自治的运动，同时研究哲学、瑜伽和神秘主义，力图把印度的政治运动建立在宗教基础上。著有《神圣人生论》《印度文化的基础》《最后的诗篇》等，被印度人称为"圣哲"，与圣雄甘地、圣诗泰戈尔通称"三圣"。

以及在两点之间有一个转移的单位作用量。

未知的光

康德认为，**本体**——也即自在之物（thing-in-itself），被感官所捕捉并被心灵所解读，却无法被直接经验——它是超越了时间和空间的。

120 年后，我们发现爱因斯坦的理论支持了康德的观点。时间和空间不是绝对的，它们是一个更深的实相的两种不同的外观——**时空连续体**（spacetime continuum）。它们是某种超越于空间和时间的东西，却显示为空间和时间的形式。时空连续体本身，也像康德所说的本体那样，是我们无法直接认知的。

如果我们自以为能够描绘出量子领域发生的事，那只能说明我们弄错了。

——沃纳·海森堡 [1]（Werner Heisenberg）

---

[1] 译者注：沃纳·海森堡（Werner Heisenberg，1901 ~ 1976），德国物理学家，创立了量子力学，1932 年获诺贝尔物理学奖。海森堡提出的"测不准原理"（又称"不确定性原理"）是对科学基本哲学观的一次重大革新。他认为，当我们从宏观领域进入微观领域的研究时，宏观观测工具必然会对微观粒子产生干扰，因此测量到的结果和粒子的原来状态不完全相同。

　　光也有不可知的特性，我们无法看到光本身。当光线射向眼睛，我们通过它所释放出的能量来感受它，这能量被转化为我们心里的一个视觉图像。尽管这些图像看起来是由光组成，但我们看到的光只是意识中浮现的一种东西。至于光到底是什么，我们从来无法直接知晓。

　　光似乎超出我们的理性和常识的理解范围，这又佐证了康德的观点。康德认为，理性并非本体所具有的内在属性，它就像空间和时间一样，只是头脑感知世界的一种方式罢了。如果真是这样的话，我们的心智难以理解光的本质也就不足为奇了。我们也许永远都无法了解光为何物。但是因为光，我们抵达了认识世界的一个临界点。

第六章

意识之光

"我是（I am）"存于所有造物之中

那就是生命之光

——《奥义书》[①]（*Shvetashvatara Upanishad*）

[①] 译者注：《奥义书》是古印度一类哲学文献的总称，属于广义的吠陀文献。奥义书讨论哲学、冥想、世界的本质及宇宙的终极真理，具有神秘主义色彩。奥义书中两个最重要的概念是"我"和"梵"。"梵"是一切，是最高存在，人类的个体灵魂"我"来自于宇宙灵魂，即"梵"，"梵我同一"这个最高真理是奥义书宣扬的主要观点。

对实验心理学的学习教会了我很多关于神经生理学、记忆、行为和生理感知方面的知识。然而所有我学到的关于大脑功能的知识并没能使我对意识的本质有更进一步的理解。但在东方世界，却有很多关于这个问题的说法，世界各地的神秘主义者也对此有所阐释。数千年来，这些追寻者专注于开拓内在的心灵世界，通过直接的个人体验来探索意识的精微之处。

我相信这些方式也许能提供一些西方科学无法获得的洞见，因此我开始深入钻研一些古代典籍，像《奥义书》《西藏大解脱书》《未知之云》，以及一些同时代作家如阿兰·瓦特（Alan Watts）、奥尔德斯·赫胥黎 [①]（Aldous Huxley）、卡尔·荣格（Carl Jung）、克里斯

---

① 译者注：奥尔德斯·伦纳德·赫胥黎（Aldous Leonard Huxley，1894 ~ 1963），英格兰作家，赫胥黎家族最杰出的成员之一。他以小说和大量散文作品闻名于世，晚年对通灵、超心理学和神秘主义哲学产生了兴趣，创作了反映科技灭绝人性的小说《美丽新世界》等。

托弗·艾什伍德^①（Christopher Isherwood）的作品。

我惊讶地发现，光在现代物理学中是一个反复出现的主题，而意识本身也常常借由光这个字眼来描绘。《西藏大解脱书》说："源于自身的纯净之光，永恒不灭……闪耀在每个人的意识之中。"圣约翰^②（St. John）说："真正的光，照亮了每个来到世上的人。"

一切你所知的科学，能说出光是如何、从哪里进入灵魂的吗？

——亨利·大卫·梭罗^③（Henry David Thoreau）

---

① 译者注：克里斯托弗·艾什伍德（Christopher Isherwood，1904 ~ 1986），英国小说家。早年曾就读剑桥大学，但中途辍学，1939 年定居美国加州，代表作有《单身》《再见，柏林》等，多部小说被改编成好莱坞电影。

② 译者注：圣约翰通常指圣经使徒约翰。他是耶稣十二门徒之一，传统上也被认为是《圣经新约》中《约翰福音》、三封书信和《启示录》的执笔者。天主教和东正教都公认他为圣人，生日为 12 月 27 日。

③ 译者注：亨利·大卫·梭罗（Henry David Thoreau，1817 ~ 1862），19 世纪美国最具影响力的作家、哲学家。毕业于哈佛大学，早年教书。28 岁时，他来到离群索居的瓦尔登湖畔，搭建了一个小木屋，独自生活了两年，其后写成不朽名著《瓦尔登湖》。梭罗是一位生态主义哲学家，他开荒种地，写作看书，完全靠自己的双手过着原始而简朴的生活。他相信人能凭直觉认识真理，在一定范围内，人就是上帝。他主张人放弃烦琐的日常生活方式，"简单，简单，再简单"，只要能满足于基本的生活所需，人就更从容、更充实地享受生命。

那些已经觉悟到实相的人——我们称之为开悟者——他们经常用光这个字眼来描述他们的体验。苏菲神秘主义者阿努尔（I-Hosina al-Nuri）体验到一束光"在幽明处闪闪发光，我一直盯着这团光，直到我与它融为一体"。

10 世纪基督教神秘主义者圣西蒙①（St. Symeno）看见：

> 一束无限且神秘莫测的光……只是一束光……单纯的，没有其他任何杂质，没有时间，永恒常在……这是生命的源头。

我越是深入探索这道内在之光，就越发现它与物理学意义上的光有许多相似之处。物理学中的光没有质量，也不是物质世界的组成部分，这与意识一样，意识也是非物质性的。物理的光看上去是宇宙最基本的元素，意识之光也是意识的基本元素，没有它，就不会有体验存在。

---

① 译者注：圣西蒙（St. Symeno，949～1022），基督教神学家、神秘主义者、君士坦丁堡圣玛门斯修道院院长。其著作对后世东正教属灵的发展有莫大影响。

　　我开始怀疑在这些相似中是否有更深层的意义。
它们是否指向了物理之光和意识之光更基本的连接
点？物质实相和心灵世界是否分享着一个共同的基
础——而这共同基础的本质就是光？

冥想

　　很明显我无法经由论证和逻辑回答这个问题。东
方哲学和神秘主义著作说得很清楚，关于意识精微层
面的知识不是来自阅读书本或研究别人的经历，而是
来自于自己的亲身体验。所以我开始研究冥想和其他
精神修行活动。

　　恰巧当时正好有几位佛教上师来剑桥授课。在这
个阶段的探索中，佛法深深吸引了我，因为它是最具
非宗教色彩的东方哲学。佛法不光是一种宗教，你也
可以说它是一门心理学和哲学，它不讨论神，而集中
去探寻人受苦的原因。于是，我开始参加佛教冥想课
程，聆听各派大师的讲解，并阅读佛学典籍。

　　几个月后，我的内在探索的方向有了一个意想不
到的转折。当我在图书馆检索有关意识的秘传资料
时，发现一本名为《存在的本质和生活的艺术》（*The
Science of Being and Art of Living*）的书，作者玛赫

西·马赫什①（Maharishi Mahesh Yogi）是一位印度瑜伽士。他最近刚刚上了报纸头条，甲壳虫乐队宣布戒毒并修习他所教导的超觉静坐②冥想（Transcendental Meditation）。我把这本书搞到手，带回书房，然后在接下来的两周里它就躺在桌上睡大觉。最后，在丝毫没有意识到我的生命会因之发生巨大转变的情况下，我翻开了这本书，仅仅几分钟后，我就被彻底吸引住了。玛赫西·马赫什教导的冥想方法，跟我过去听到或读到的几乎完全相反，然而，他所说的似乎又完全合乎道理。

我过去读到的大部分关于冥想的书都在说，要如何努力地使焦躁不安的头脑安静下来，从而达到片刻的深层次的平静和满足。而玛赫西·马赫什的教导称，一丁点的"企图"，哪怕是想让头脑安静下来的企图，都会产生反效果。任何努力只会导致更多的精神活动，

---

① 译者注：玛赫西·马赫什（Maharishi Mahesh Yogi，1917～2008），印度瑜伽修行者，1959年来到美国，教导西方人超觉静坐冥想（TM）。TM当时在西方非常流行，有上百万修习者，包括像甲壳虫乐队这样的名流，都加入到TM运动中。

② 原注：甲壳虫乐队对超觉静坐（TM）的公开宣扬，也算是他们最重要的精神遗产之一。后来我到世界各地旅行，不止一次地发现，很多人最初的心灵修行就是从六七十年代的超觉静坐开始的，他们庞大的人数让我吃惊不小。

而不是让它放松下来。

他提出，头脑无法安静下来是因为它一直在寻找某样东西——即更多的自我满足感。但是它找错了方向，在思维和感官体验的世界去找。他说，你要做的只是把注意力转向内在，运用超觉静坐的技巧，让头脑稍稍安静下来。在相对安静的状态下，头脑会体验到它一直追寻的那种满足感。当这个练习不断重复，头脑就会自发地去体验这种更安静、更满足的境界。

> 归根到底
>
> 每个人所希求的
>
> 仅仅是安心
>
> ——一位藏族哲人

玛赫西·马赫什的观点对我这个科学大脑非常具有说服力。它们是如此的简单而优雅——几乎像一个数学推理。但是质疑的天性不会让我随便接受任何信仰，搞清楚他的技巧是否有效的唯一方法是我自己去尝试。

当时能找到的离我最近的一位超觉静坐的老师在伦敦，于是我每周抽一天时间从剑桥赶过去，接受指导。我花了好一些时间才学会正确的练习，然而一旦学会，我就发现玛赫西·马赫什说的是对的。我"努力"得越少，心灵就越安静。

印度之旅

接下来那个暑假，我去了意大利阿尔卑斯山的一个高山湖，参加玛赫西·马赫什带领的冥想活动。我一下子就被他深深吸引住了，他有一双深邃的、温情脉脉的褐色眼睛，留着长长的黑发和胡子，一件白色的棉布衬衣包裹着他瘦小的身体，脚上是一双简单的凉鞋，看起来像是一位古代印度的古鲁（guru）[①]。他饱含喜悦、不厌其烦地为我们这些"新手"讲解意识的精微层次和高层意识状态。要知道，这些都不是书本知识，而是他直接亲身体验得来的智慧。我当时就知道我会继续跟他学习下去。

等到一毕业，我先是当卡车司机攒了点钱，然后就漂洋过海去了印度。我的目的地是德里以北150英里、喜马拉雅山脚下的印度圣地瑞诗凯诗[②]

---

① 编者注：古鲁（guru）是梵文"老师"或"大师"的意思，在锡克教中也指伟大的领袖。

② 译者注：瑞诗凯诗（Rishikesh）是印度最主要的瑜伽静修圣地，印度最著名的朝圣中心之一。据称，有数位瑜伽大师和圣人居住于此。

（Rishikesh）。

北印度的平原不像阿尔卑斯山区那样山脉是逐渐升起来的，那里的景色很像美国科罗拉多州的落基山，一会儿是平原，一会儿马上就是山峦。瑞诗凯诗坐落于平原与山的交界处，恒河从喜马拉雅山的深谷中喷涌而出。

河岸的一边是瑞诗凯诗嘈杂的市集，拥挤的摊位占据着道路两侧，马路上则是喇叭轰鸣的汽车、三轮车和瘦骨嶙峋的牛只。河岸的另一边是瑞诗凯诗圣城，那里的气氛迥然不同，没有车子，横跨河流之上的桥面故意造得很窄，阻止汽车通行，河流两侧的山坡丛林里，星罗棋布着修行人的住所。有些是只用朴素的几面墙围起来的茅棚，有些房子则带有郁郁葱葱的花园、喷泉和五颜六色的印度神像。这里有哈他瑜伽中心，也有静坐冥想中心，还有其他一些精神导师和哲学家的参访处所。

河下游两英里处就是玛赫西的修行场所，它位于一条通向森林的蜿蜒小路的尽头。房子建于悬崖顶端，向下百英尺即是水流湍急的恒河。这里有六间平房、一间会议室、餐厅、淋浴室以及其他一些西方生活中会涉及到的基础设备。

大约有一百人聚集在此处修行，什么年龄段的人都有，大多来自不同国家。许多人像我一样，刚刚从学校毕业，来这里想要深入了解玛赫西的教诲，并获得更深的冥想体验。我们之中有哲学博士，内科医生，也有长期钻研神学理论的学生。

接下来几个月里，我们听玛赫西详细阐述了他的理念。我们一个接一个地提问题，几乎是在盘问他了。我们想对所知的一切都进行一次梳理，从对高层意识状态的精细辨别到冥想所带来的微妙作用，以及各种深奥概念的准确含义。玛赫西非常乐意与我们分享他的所知所感，从不疲倦。经常是一天的课程结束后，我们一小撮人又聚到他小小的起居室里，跟他神聊到半夜，尽可能多地从他那儿汲取智慧。

纯粹的意识

随着我们对冥想理解的深入，玛赫西开始希望我们对他所描述的意识状态能有更清晰的体验，而唯一的方式来自持续不断的深度冥想。一开始我们一天打坐三到四个钟头，但是随着课程的进展，练习时间逐渐增加。在我们逗留的三个月中，有六个星期，我们白天的大部分时间都在冥想打坐，晚上也一样。

归根曰静，

静曰复命。

复命曰常，

知常曰明。

——《道德经》

在这种长时间的冥想训练中，我脑海里惯有的喋喋不休的声音逐渐消失了。外头发生了什么？现在几点了？冥想进行得如何？或是我想说什么做什么？这类念头越来越少占据我的注意力了。那些关于往事的杂乱记忆不再从我脑海里来来去去。我的情绪开始安定下来，呼吸变得越来越轻柔以至于感觉不到。头脑活动则越来越微弱。用玛赫西的话说，我已经超越（transcended，字面意思是"胜过，超出"）了思维。

印度教诲把这叫做"三摩地"（Samadhi，中文意即"定"），意思是"静止的心"。他们把这种状态与人日常生活中的三种主要意识状态加以区别，那三种状态是：清醒、做梦和深睡。在清醒意识中，我们对世界的认识掺杂着我们的想象。在深睡状态则没有知觉，对外在世界和内在世界都没有感知。而"三摩地"的状态中是有知觉的——而且是完全清醒的知觉——但知觉的对象并不存在。它只是纯粹的意识，各种意识的形式和特定体验都是从这种状态中升起的。

瑜伽，是终止头脑造作的艺术。

——帕坦伽利 [①]（Patanjali）

如果用电影放映机类比，这就好像是放映机在转动，但并没有放电影，荧幕上只是白花花一片光幕。同样的，在三摩地的状态下，除了纯粹的意识之光，什么也没有。这个意识的能力是不包含任何内容的。

印度古代典籍《伊莎奥义书》（*The Isha Upanishad*）这样描述第四种意识的状态：

它不是对外的意识，

不是对内的意识，

也非愚而不觉的意识。

它不是知道，

不是不知道，

也不是知道本身。

它不被看见，不被理解，

---

① 译者注：帕坦伽利（Patanjali），瑜伽之祖。一般认为他诞生于公元前约400年前后的印度地区。他撰写的《瑜伽经》是瑜伽哲学的经典之作，瑜伽由此形成了完整的理论体系和实践系统。

也不能被界定。

它不可言说，超出头脑之外，

而难以定义。

只有变成它，

你才能知晓。

类似这些的说法几乎在世界每种文明中都可以找
到。15 世纪基督教神秘主义者狄俄尼索斯（Dionysius）
几乎说过一模一样的话：

它不是心灵，也不是头脑。

它不是秩序，或伟大或渺小。

它不是不动，也不是移动或静止。

它不属于任何存在之物。

但它也不是不存在。

没有任何确定或否定可以加之于它。

日本佛教学者铃木大拙 ①（D. T. Suzuki）形容它是

---

① 译者注：铃木大拙（D. T. Suzuki，1870～1966），日
本现代禅学大师。早年在日本担任英文老师，后在英美等国工
作生活 20 多年，将佛教禅学介绍给西方，影响巨大。著有《禅
的研究》《佛教与基督教》等。

"绝对空的状态":

> 没有时间，也没有空间，没有造作，也没有物
> 质性。
>
> 纯粹的体验是心灵看见自己映现在自身中。
>
> 只有在定的状态下，这些才会发生。
>
> 也就是，头脑空无一物。

自我的本质

当头脑空无一物时，我们不仅会发现绝对的宁静
和平，也会发现自我的真实本质到底是什么。

通常我们是从各种把自己与其他人区别开来的事
情中发展出自我意识的，比如我们的身体、外貌、历
史、国籍、扮演的角色、工作、社会和经济地位，我
们所拥有的东西，别人对我们的看法等等。我们也从
自己的思想和情感中发展出自我身份认同，比如我们
的信仰、价值观、创造力、智力、品格和个性等，这
些都帮助我们建立起"我们是谁"的感受。

但是，这种自我身份认同永远是受外物支配的，
是脆弱易碎的，是需要防卫和支撑的。如果我们的自
我身份认同所依赖的外物发生了改变，我们的"自我

感觉"就会受到威胁。举个例子，如果有人批评我们，我们可能会感到很不舒服，远比那个批评应该造成的不安更甚。我们的反应更多是维护和加强受损的自我形象，而不去针对批评本身进行反省。

此外，自我身份认同也源于我们如何体验这个世界。我们从正在经历的事情中获得自我意识。如果有一个体验存在，我们假设也必须有一个体验者存在，必须有一个"我"正在体验。所以不管我们的脑海里发生了什么，我们都有一个感觉，那就是"我"是这一切的主体。

但这个"我"究竟有什么意义呢？我每天上百次地用到"我"这个字，没有一丝犹豫。我说，我正在想或看某事，我有一种感觉和欲望，我知道或记得某人某事。"我"对我们自身而言，是最熟悉、最亲密、最明显不过的事实。当我用"我"字时，我确切知道自己要表达的意思，但是当我试着描述和定义"我"时，问题就出现了。

寻找自我，就像一个人拿着手电筒在黑暗的房间里寻找光源，光线所及之处，我们会找到房间中的各种东西。当我试图去寻找各种体验的"主体"时，情况也是如此。我所能找到的只是注意力所及的各种想法、影像和情感，但所有这些都是体验的对象，而不是体验的"主体"。

> "我"是什么？通过深入的自省，你会发现所谓
> 真正的"我"不过是一堆体验和记忆材料的堆积罢了。
>
> ——薛定谔

尽管自我也许从未作为一个被体验的对象为人所知，它却可以经由另一种更私密也更直接的方法被了解。当头脑安静下来，我们惯有的那些想法、情绪、感觉和记忆消失了，最后遗留下来的就是自我的本质——没有对象的纯粹主体。我们会发现，自我不再是"我是这"或"我是那"，自我只是"我是（I am）"的状态[①]。

在这种状态下，你会了解自我的本质，你会明了这个本质就是纯粹的意识。你知道这就是你的真正面貌。你不是那个有意识的存在体，你就是意识本身。

> 我就是你，是你存在和了解的那部分，
>
> 是你存在和自我确认的那部分，
>
> 我在你的最深之处，坐在那儿，

---

① 原注：即使说"我是（I am）"也具有误导性。"我"这个字与个体自我有许多关联。也许更准确的说法应该是"我的存在（amness）"或"纯粹的存在"。

平静地等待和注视，消泯了时空……

我引导你的方向，激发你所思所行，

我一直在你之内，在你心深处。

——《静观人生》（*The Impersonal Life*）

在这个认同的核心中，已没有了任何个体自我的独特性。当超越了所有的属性和识别特征时，你的"我"与我的"我"无异。意识之光在你中照耀，你把它当做"我"；意识之光也在我中照耀，而我也把它当做"我"。我们其实并无二致。

我是光，而你也是。

超越时空

这个本质的自我是永恒存在的，从未改变。它是纯粹的意识，而纯粹的意识是超越时间的。

我们日常对时间流失的感觉源于变化——日与夜交替循环、心脏跳动、念头闪过。但是在深度冥想的状态下，我们所感知的一切都是静止的，头脑完全安静，也没有"变化"的体验，没有任何事情让你感到时间在流逝。我也许知道我处于绝对的寂静中，但我在那个状态下待了多久，我是不知道的。它可能是一分钟，也可能是一小时。我所知的"时间"消失了，只有简单的"当下"。

> 时间和空间只不过是眼睛制造的生理色彩，而灵魂是光。
>
> ——拉尔夫·沃尔多·爱默生[①]
>
> （Ralph Waldo Emerson）

自我的本质不仅超越时间，也超越空间。如果要我们去找寻自我意识会停留在哪儿，大部分人会觉得它是在头部的某个位置。现在这本书大概就在你前方几英尺的地方。你能感受到周围的墙壁，数英尺下的地板，你的胳膊、躯干、腿和脚，这一切都和那个觉察中的你相距不远。

我们会觉得自我意识位于头部某处是讲得通的，

---

①　译者注：拉尔夫·沃尔多·爱默生（Ralph Waldo Emerson，1803～1882），美国文学家、诗人、超验论哲学家。爱默生出身牧师家庭，自幼丧父，由母亲和姑母抚养长大。他毕业于哈佛大学，早年游历欧洲各国，返回美国后和志同道合的知识分子组成"超验俱乐部"，著有《论文集》《代表人物》《诗集》等。他轻视理论，信奉自然，认为它体现了上帝和上帝的法则。他赞美人的伟大："人不是在自然里，而是在自身中看到一切都是美好而有价值的。"他说："在我看来，没有神圣的事实，也没有不神圣的事实。我只是试验者，我是个永不停息的追索者，在我身后永远不存在'过去'。"

因为我们的大脑就在头部，而大脑和意识体验有某种
程度的关联。如果大脑位于头部，而我们的自我意识
在膝盖，反倒是一件怪事。

但是，事情并不都像它看起来的那样。意识的明
确位置与大脑的位置其实是没有关系的，而和感觉器
官的位置有关。

我们主要的感觉器官，眼睛和耳朵，恰巧位于头部。
这样我们感觉的核心部位——令我们看起来是在体验世
界的那一点，在眼睛后面和两耳之间的某处，也就是在
头部的正中间。我们的大脑位于头部这个事实仅仅是一
个巧合。下面这个简单的思维实验证明了这一点。

想象你的眼睛和耳朵如果移到膝盖部位，然后你
从这个新的观察点来观察世界，那么在哪里你可以体
验到自我？是在头部还是在膝盖？你的大脑也许仍然
在头部，但是它不再是感觉的中心点了。你现在是从
另一个完全不同的角度来观察世界，你也许会想象自
己的意识在膝盖部位 [1]。

---

[1]　原注：以此可以进一步解释所谓的"出体"体验。在出
体状态下，我们发现自己是从一个完全不同的观察点来体验世
界的，比如从天花板往下看着自己，这时候感觉的中心已经不
在身体内部。我们以为自己离开了身体，但真相是我们从来
就不在自己的身体里。

> 我们具有感知力的自我无法在世界影像中被找
> 到，因为自我本身就是这世界的影像。
>
> ——薛定谔

总之，认为自己的意识存于世界某个特定位置只是一种幻觉。我们所体验的一切都出自意识的构建，我们感觉有一个独特的自我也是头脑创造的产物。很自然的，我们把自我的形象置于感知世界的中心，让我们以为自己正在世界之中。但真相完全相反，一切其实都在我们之内。

你并非位于空间中的某个位置，而是空间在你之中。

万有之光

我们在此又看到了意识之光和物理之光的相似性。当我们把物理之光放在其自身参照系中观察时，我们发现空间和时间消失了，光的王国似乎是超越时空的。同样的，当我们思考纯粹的意识之光时，时空也消失了。在此两种情况下，唯一存在的只是永恒的"当下"。

在物理世界中，光是绝对的。空间、时间、质量和能量并不像我们以为的那样固定不变，唯一固定不变的是光——真空中的光速和光子的量子作用量是不变的。同样的，在意识领域，意识的能力是绝对的，它是所有体验的基础——包括对时空的体验。意识自身有如放映机发出的光，是不变而永恒的。

每个光量子都是相同作用量的量子，意识也是如此。意识之光在我们之中闪耀，在每个有情众生中闪耀。

> 在他们之内的意识，也在所有有情生命之内。
> 洞察此点的智者，将获得永恒的平静。
> ——《卡塔奥义书》(*Katha Upanishad*)

这也许说明了物理之光和意识之光有某种更深层的关系。它们有没有可能分享着共同的源头——这个源头在物质领域里以光来显现，在心灵领域中变为照耀于所有生命的意识之光？

在《创世纪》里，上帝发出的第一个指令是"要有光"，然后万物才开始被创造出来。或者更准确地说，"整个创造才得以开始"，光是所有这一切发生的基础。物质世界就是如此，一切交互作用都是光子的交换。在我们的主观体验的世界中也一样，意识之光是所有体验的共同基础。

安拉是天地之光。

——《古兰经》（*Quran*）

我并不是说光就是上帝，但光也许是万物得以存在的最初的根基，是所有造物更精微的层面，是我们所能触及的那超越一切者最近的所在。在意识体验领域，纯粹的自我——心灵中无数意识形态背后的内在之光——就是我们与那神圣接触的地方。这就是为什么许多深入探索内在并发现了人真正本质的觉悟者，会说出那句最具有争议性也最不可思议的话——"我就是神"。

第七章

意识即神

灵魂本身就是神最愉悦、最完美的形象。

——十字架上的圣约翰 [①]（St. John of the Cross）

113.

对许多人而言，"我是神"这一宣称是对上帝的亵渎。在传统宗教中，神是至尊的、全能的、永恒的、无所不知的造物主。卑微的人类如何敢声称，他就是神呢？

14世纪的基督教牧师和神秘主义者迈斯特·艾克哈特①（Meister Eckhart）宣称"上帝与我合一"，很快他就被带到教皇若望二十二世（Pope John XXII）面前，要求他收回这些胡言乱语。有些人的命运甚至更

----

① 译者注：迈斯特·艾克哈特（Meister Eckhart，1260～1327），德国神学家、神秘主义者。他认为当我们于我们的"炽热的心灵"中制造出一种"缄默的宁静"时，我们的灵魂便能与上帝连接进而与他合而为一，这样，人便不再是一个创造物，而变为上帝的分身。

悲惨，10 世纪伊斯兰神秘主义者哈拉智①（Al-Hallaj）声称他是安拉，结果被钉死在十字架上。

然而，当这些神秘主义者说"我是神"或类似的话时，指的并不是一个个体的人。他们的内在探索揭示出自我真正的本质，这个本质与神是一致的。他们认为自我的本质是没有任何个人属性，就是神。

当代学者和神秘主义者托马斯·默顿②（Thomas Merton）对此形容得很清楚：

假如我潜入自身存在和当下现实的深处，那个最深处无可定义的存有即是"我"。然后，通过这

①　译者注：哈拉智（a1-Husayn ibn Mansur al-Hallaj，857 ~ 922），伊斯兰教苏菲派代表人物。在巴格达传道时，宣扬禁欲主义和人主合一的"入化说"，因与正统派教义相悖，被判拘禁。越狱逃跑后再次被捕，最终被认定犯有"叛教大罪"处以碟刑。哈拉智认为，除真主的本体外，别无实在，现实世界只不过是一种幻象。世界万物统一于真主。人对真主的万能和超觉性无法用理性方法加以认识，只有通过长期的修炼，净化灵魂，达到无我的精神状态，才能达到人主合一的最高精神境界。他说，当人的灵魂与真主的本体化为一体时，人的个体意识便消失，成为与真主统一的本体，这样可以说"我就是真理"。
②　译者注：托马斯·默顿（Thomas Merton，1915 ~ 1968），美国作家、基督教神秘论者。著有自传《七重山》，讲述其青少年时代改变信仰，皈依天主教，并在肯塔基州一个特拉普派修道院出家的过程。默顿相信人可以通过敛心默祷的生活与上帝沟通。

个深层的中心，我又进入那无限之我（the infinite I am），即全能的上帝。

"我是（I am）"也是希伯来文对上帝耶和华（Yahweh）的称呼之一。这个源于希伯来人的耶和华（YHWH），不可言说的神的名字，也经常被翻译成"我即我所是（I am that I am）"。

> 我即是那无限的深奥，
>
> 万物从此涌出。
>
> 超越任何形相。
>
> 永恒宁静。
>
> 这就是我。
>
> ——《阿什塔夫梵歌》

类似说法也出现在东方智慧传统中。伟大的印度圣者拉玛那·马哈希①（Sri Romana Maharshi）说：

---

① 译者注：拉玛那·马哈希（Sri Romana Maharshi，1879～1950），印度20世纪彻悟本心的觉者，在欧美地区影响深远。他在17岁时经历了第一次灵性体验，忽然参透生死，随后离家开始了修行传道生涯。他的教导超越了宗教派别，形式上则单刀直入，只是参问"我是谁？"集中心力发现自我的本源即自性，一切答案就自然而然地浮现。

"我"即是神之名……神并非他人而是我自己。

12世纪，苏菲派神秘主义者伊本·阿拉比[①]（Ibn-al-Arabi）写道：

如果你了解自己，你就了解上帝。

印度8世纪的圣人、复兴了印度教的商羯罗[②]（Shankara）谈到自己开悟时的体会时说：

我即大梵（Brahman）。我居于众生的灵魂中，是纯粹的意识，一切万象的根基。在觉悟之前，我以为自己与这一切是分离的。现在我知道，我即是万物。

[①] 译者注：伊本·阿拉比（Ibn-al-Arabi, 1165～1240），伊斯兰教苏菲派教义学家、哲学家。他继承和发展了伊斯兰教学者关于"完人"的理论。认为人是安拉之光明和万能创造的显现，是安拉在现象世界的代理人，"完人"即是世界一切完美属性的缩影。

[②] 译者注：商羯罗（Shankara，约788～820），印度中世纪吠檀多哲学集大成者、瑜伽士。在其短暂的一生中，他云游印度，致力于复兴传统的印度教，驳斥当时在印度流行的佛教之"无我"学说，重新肯定关于个体灵魂的吠陀真理。

这为《圣经》里记载的"安静下来，你就会了解我是神"提供了全新的解释。这句话的意思不是"停止坐卧不安，左顾右盼，你就会认出跟你说话的这个人就是创造一切的全能上帝"，这句话是在鼓励你，当你的心灵安静下来，你就会知道——并非经过思维上的理解而是直接体悟——"我是（I am）"即是你的本质，是存于所有体验背后的纯粹意识，是至高无上的神，是一切的源头。

神在这里的概念，不是一个与我们分离的、超越我们且存于另一个时空、监管人类事务并根据我们的行为爱我们或审判我们的神灵。事实上，神以我们最亲密和无可否认的形式显现于我们每个人之中，就是照耀着每个人心灵的意识之光。

我即是真理

我发现许多圣人和神秘主义者都把他们纯粹的意识体验描述为个人对神的体验，这使我对神的几个传统概念有了更清晰的认识。

像我们所看到的，意识的能力是唯一绝对的、尤可置疑的真理。不管我心里想着什么，也不管我可能思考、相信、感觉和体验到什么，唯一我无法质疑的

东西就是意识本身的存在。神也一样，被认为是唯一
绝对的真理。

神是遍布宇宙的。意识的能力也是。它是宇宙一
个主要的特质，也是一切存有最深的所在。

与神一样，意识是无所不在的。俗话说"此心只
在当下（wherever you go，there you are）"，不论你经
验到什么，不论心中浮现出什么，"当下"的感觉始终
存在。它过去一直存在，未来也一直存在，它从不改
变，永恒不朽。

当我说"我"，我不是指一个有身体的独立实体，
我是说存在的全体，意识的海洋，整个宇宙的一切
存有。

——尼萨迦达塔（Sri Nisargadatta Maharaj）

神向来被说成是万物的创造者和源头，意识也是。
我们全部的个人世界——我们看到、听到、尝到、闻
到和碰触到的一切，以及所有的想法、情感、幻想、
暗示、希望和恐惧——都是意识变换出来的形式。意
识就是我们所知的一切的源头和创造者。

当我们觉知到自己的本质与神有着相同的特质，
当心灵寂静，不再被过去或未来所困扰，我们就与那

超越了所有名相的真我有了联结。在那单纯的存在中，我们体会到一种稳定的、不可撼动的宁静。这宁静并不依附于我们在生活中拥有了什么或者做了什么，我们在其中找到追寻已久的满足感——那种超越了一切思维所能理解的神的宁静。

> 此本源清净心，常自圆明遍照。世人不悟，只认见闻觉知为心，为见闻觉知所覆，所以不睹精明本体。
>
> ——黄檗禅师[①]（Huang Po）

唯物心态

当神被定义为意识的本质时，不但传统对神的描述被赋予了新的意义，许多精神修行活动也因之增加了新的内涵。

前章谈到，我们是根据自己的感官知觉来建构现

[①] 译者注：黄檗禅师（？～855），又称黄檗希运禅师。唐福建人，幼年在本州黄檗山出家，后游遍各地禅林，参谒名师，得百丈法嗣，后于洪州黄檗山大弘禅法，开创临济宗"棒喝"禅风。有《传心法要》《宛陵录》等传世，堪为一代宗门大匠。

实——我们体验到的声音、颜色、感觉等。我们建构世界图像的方式，或多或少早已根植在大脑里①。但如何解释这些图像，却可以有很多不同角度。你我也许对一个人的行为会有截然不同的评价，我们从同一则新闻报道中会读到不同的含义，或者对工作中的某个情况也会有不同的观察角度。这些不同的诠释源于我们加于事物之上的信仰、假设和期望——心理学家把这叫做**思维定势**。

就好像我们的各种科学范式是基于一些更基本的信念或元范式一样，我们对所体验事物的解释也基于一些更基本的思维定势。我们相信内在的平静和满足来源于我们在外部世界中拥有了什么或者做了什么。

可悲的是，正是这种想法阻碍了我们获得真正的心灵平静。我们忙于担心未来会不会获得心灵的平静，或者对过去发生的破坏我们平静的事情感到愤怒或悔恨，我们从没有机会在当下享受到平静。

———————

① 原注：也有一些例外，有些药物可以改变大脑的化学成分，从而改变感知数据的处理方式，导致一些异于常态的图像出现，如颜色会变化，物体看起来不再坚实，时空会发生变换。类似情况也发生在当人极端疲劳、生病、压力极大或处于某种精神修行的状态下。总之，如果大脑功能正常，我们总是会构建出相同的现实图像。

别担心，要开心。

——美赫巴巴 ① （Meher Baba）

　　这种唯物主义心态所造成的普遍结果，就是任由外在世界左右着我们内在的心灵世界。在这方面，它和当代科学中的唯物主义元范式很相似，即意识都被认为是依附于物质世界的。现代科学的世界观相信，意识是从空间、时间和物质世界中衍生出来的，这种唯物主义思维定势与科学元范式一起统治着我们的生活，极少被质疑。

灵性入门

　　事实上，我们不应以这种心态去感知世界。假如我们明白，自己所知的一切都是由意识建构出来的，以此角度来看待人生，一切都会发生改变。

　　源于这种转变，我们内在平静与否就不再取决于

———————

　　① 译者注：美赫巴巴（Meher Baba，1894～1969），生于印度普纳。19岁时，他与灵性大师穆斯林老妪赫兹拉·巴巴简相遇，巴巴简在他额头上的一吻，刹那间唤醒了他，从此开始了求道生涯。他说：心止，是神；心动，是人。他的后半生在沉默中度过，因为"真正的东西是在沉默中给予与接受的"。著有《语录》《神曰》《有与无》《生活极致》《美赫巴巴灵性光束》等。

我们在物质世界拥有什么或做了什么。我们可以创造出自己对世界的观感，我们可以赋予所有一切对于自己的意义和价值，我们可以自由地以不同方式来看待它。

我们不再需要去做什么来获得平静。我们所做的只是"停止做"——不期盼事情会变得有所不同，当事情与我们期望的不符或周围人没有如我们所愿行事时，我们不再感到担心和难过。当我们停止一切造作，那掩藏着的平静就会浮现于我们存在的核心中，我们发现自己一直苦苦追寻的东西原来就在那儿，安静地等着我们。

> 困扰人们的并非事物本身，而是他们看待事物的方式。
>
> ——希腊哲学家爱比克泰德[①]（Epictetus）

这对我而言，这就是灵性成长的入门课。这是放之四海皆准的原理，不受时代、文化和宗教信仰的限

———————

① 译者注：爱比克泰德（Epictetus，约55～135），古罗马新斯多葛派（Stoicism）哲学家。童年时以奴隶身份来到罗马，后被尼禄释放，从师斯多葛学派学习哲学，同时学习教学和写作。他的学生编纂了爱比克泰德《语录》和《手册》，保存了他的思想。

制。许多精神修行活动都是以此为核心原理展开的。

宽恕

以宽恕为例。一般理解的宽恕是赦免或原谅，"我知道你做错了，但是这次我不予追究"。但宽恕的本意并非如此。在古希腊语中，宽恕的意思是"让它去吧"（to let go）。当我们原谅他人时，我们也让加于他们身上的种种评判随风而逝。我们把他们从我们的诠释或评判中，从我们自认为的对与错、敌和友的观念中解放出来。

进尔，我们会发现他们也只是紧抓着自我和这个世界幻象不放的凡人，像我们一样，他们也有对安全感、控制、认可、赞赏和鼓励的需要。当某人某事阻碍他们得到满足时，他们会觉得受到威胁。像我们一样，他们有时也会犯错，而在这些错误背后，只是又一个想要获得心灵平静的、有意识的生命。

甚至我们认为邪恶的人也是如此。基于这样那样的原因——谁知道这些人在童年经历了怎样的痛苦，或接受了怎样的信仰——导致他们以不择手段甚至是残忍的方式来寻求满足。但是在更深处，他们也是神圣之光的化身，也在为这个世界奋力寻找救赎。

所以，宽恕并不是我们为他人所做之事，而是我们为自己做的。当我们放下对他人的评判时，我们也就释放了许多愤怒和怨气的来源。

——贺夫·佩雷特 [1]（Hugh Prather）

我们的坏情绪在当时可能是有理由的，但不管怎么说，坏情绪不会给我们带来任何好处——事实上，它给我们自己带来的伤害比给周围人造成的伤害更大。我们越是能从评判中解脱，我们就越能获得内心的平静。

这种变化是意识转化的核心。当我第一次听到高层意识时，我以为他们是意识到了一种更精微的次元，可能是新的能量，或者是超出我们日常感知的存在，或是另一个现实里的东西。这么多年下来，我逐渐认识到，开悟看到的还是这个世界，只不过是从不同的角度看到的。它不是看到不同的事物，而是以不同的

---

① 译者注：贺夫·佩雷特（Hugh Prather，1938～2010），美国作家、神秘主义者。代表作品有《写给自己的笔记》《爱与勇气》等。

124.

从科学到神：一位物理学家的意识探秘之旅

方式看待同样的事物。

祈祷

在每一个瞬间，我都可以选择要怎么看待当下发生的一切。我可以套牢于唯物主义的心态去看，担心我是否得到了我以为能够令自己快乐的东西；或者我可以选择从这种思维定势中解放出来，以另一种全新眼光去看待。

但选择这样做并不容易。一旦我被恐惧的感觉所占据，我往往很少会意识到还有另外一种观看世界的方式，我会认为这个现实就是唯一的现实了。

有时候，虽然我意识到可能有另外一种方式，但我不知道那是什么。单凭自己，我无法转化，我需要帮助。但是我从哪儿能寻得帮助？看上去其他人都跟我一样，深陷于这种思维体系。其实，我们能得到帮助的地方就在我们的内心深处，在超越唯物心态的意识层面——既内在的神。我必须从神那里祈求指引，我需要祈祷。

当我祈祷时，我并不是祈求一个外在神灵的介入，我是向我内在的神性、我的真我祷告。我也不是祈求世界会变得不同，而是祈求我对世界的观感会有所不

同。我祈求神介入我真正需要帮助的地方——那个掌
控着我思想的心态。

> 问题无法由制造问题的意识本身来解决。
>
> ——阿尔伯特·爱因斯坦

祈祷的效果从没有让我失望过。我总是在祈祷后
发现自己的恐惧和评判会逐渐消退，取而代之的是一
种轻松的平静。不管困扰我的是何人何事，我现在都
会以更慈爱和悲悯的眼光去看待。

神是爱

爱是另一个我们经常归之于神的特征。这种爱不
能与一般世俗意义的爱混淆，后者往往源自掌控着我
们日常生活各方面的功利心态。

当我们相信只有别人的想法或行为符合我们的期
望时，我们才会高兴。当他们不如我们所愿，我们就
会感到伤心、愤怒、沮丧或者出现其他一些与爱冲突
的情绪。反之，当遇到能够填补我们深层次需要的
人——这人符合我们理想中完美之人的标准——我们
在心里就会对他油然生起温暖的感情。我们会说，我

爱他们。

然而，这种爱是有条件的。我们爱一个人是因为他们的外表、举止、智力、身体、天赋、气味、穿着、习惯、信仰和价值。我们会爱上某个自己觉得很特别的人。这个人符合我们的期望，能够满足我们深层次的需求，让我们觉得自己的人生是完整的。

因此这种爱也是脆弱的。假如对方发胖了，沾染了一些烦人的坏习惯，或者并不像我们所期望的那样关心我们，我们对他的判断就从正面转为负面。爱来得有多快，消失得也就有多快。

> 但莫憎爱，
>
> 洞然明白。
>
> ——禅宗三祖僧璨[1]

神秘主义者所说的爱，是一份品质与此完全不同的爱。它是无条件的爱，不依赖于他人特质和行为的

---

[1] 译者注：僧璨（？～606），中国佛教禅宗三祖。姓氏及籍贯均不详。史料只记载，他最初以白衣的身份谒二祖慧可，得到祖师的点拨、印可和传法，成为禅宗三祖。入寂前，传衣钵于弟子道信为禅宗四祖。据传《信心铭》为其所作。"至道无难，唯嫌拣择。但莫憎爱，洞然明白。"是三祖《信心铭》开头的四句话，可谓说尽禅宗大意。禅的根本法则在于去除分别心。

爱，它不是基于需要、欲求、希望、恐惧或者其他功利心态。当我们的心灵安静下来，从恐惧、权衡和主观评判中解脱，无条件的爱才会到来。

就像我们所寻找的平静一样，无条件的爱也一直存于我们内在的核心之中。它不是我们创造出来的产物，而是我们内在本质的一部分。纯粹的意识——不受限于个体的需要和忧虑的意识，就是纯粹的爱。我，在自己真正的本质里，就是爱。

黄金定律

我们渴望感觉到自己深处无条件爱的同时，也希望别人能无条件地爱我们。没有人想要被批评、拒绝、忽视或操控，我们渴望的是被欣赏、尊重和关心。不仅对我们的伴侣、家人这些直系亲属有如此需要，在一切人际关系中——工作伙伴、社交场合遇到的人，甚至是在大街上或飞机上偶遇的陌生人——我们都渴望被人尊重。

假如爱是我们每一个人都想要的，那么爱也必须是我们相互能给予的东西，但这并不容易做到。很多时候，我们忙于得到爱，或者紧抓已有的爱不放手，却忽略了其他人也有同样的渴望——得到爱。很快，我们就会陷入恶性循环，拒绝给出我们自己也在寻求的爱。

如果我们被某人的言行所伤——不管他们是真的想伤害我们，还是一切伤害只是我们自己想象出来的——我们的自然反应是以攻击对方来保护自己。虽然这并非明智高贵之举，但如果我们相信自己的快乐建立于他人的言行之上，我们就会以这种方式来反应。如果对方也是同样的心态，他们就会以同样的方式回应我们，做或者说一些伤害我们的事以为报复。

于是，恶性循环开始了。表面上似乎关系运转良好，两个人都表现得很友好，没有公开的敌意，但在私下里，一场微妙的对抗正在进行。每个人都试图让对方更友爱，自己却使对方感到受伤而不是被爱。这是个悲剧性的两败俱伤的游戏，如果继续下去，会毁掉任何最美好的关系。

这个恶性循环有多容易形成，就有多容易终结。关键点再简单不过：给予爱，而不是索取爱。在现实里这意味着不管我们表达什么，或者怎么表达，我们要让他人感受到爱和关心，而不是被攻击和伤害。

如果你行事不会对他人造成伤害，且不侵犯他

人的自由，那你的行为就符合佛法。

——赛巴巴[1]（Sai Baba）

佛陀把这称为"正语"：如果你不能以一种让别人
感到舒服的方式表达，那你最好还是保持沉默。这并
不是逃避——"我不知道要怎么样说出我想说的才不
会让你感到难过，所以我最好还是闭口不言。"表达我
们的想法和情感是很珍贵的，但我们必须注意表达的
方式不会引起恶性循环。我们应该保持高贵的沉默，
直到我们找到了一种友好且充满爱意的表达方式。

灵性教导经常把这条原则称为"黄金定律"。道家
说："见人之得，如己之得；见人之失，如己之失。"[2]
《古兰经》说："直到他会为自己的兄弟祈求他所渴望
的，他才能说是我的信徒。"《圣经》说："你们愿意人

---

① 译者注：舍地的赛巴巴（Sai Baba of Shirdi, 1840～1918），
印度传奇人物。他不是传统的圣人，也没有著书立说或创立任
何圣地，更不招揽信徒。他在印度一个小镇住了50年直至撒手
尘寰，而来找他的人却络绎不绝。赛巴巴的魅力在于他和耶稣
一样，不断地行奇迹、神迹（用理性主义来描述，他有特异功
能）。他说："世界上只有唯一之神，那就是无限之力量；也只有
唯一之宗教，那就是慈悲之宗教；也只有唯一之语言，那就是
心灵之语言。"

② 译者注：出自《太上感应篇》。

怎样对待你们，你们也要怎样对人。"

关键是慈悲，这是一种没有任何伤害他人的意图。慈悲源于一种共识，那就是我们内在的意识之光是神圣的。我们经由荣耀彼此来荣耀神，每个人都是神。

> 慈悲就是我的宗教。
>
> ——一位西藏哲人

这个神与我青年时代拒绝的那个神不同，这个神作为意识之光与我的科学信仰并不冲突，也不与我的直觉和理性相悖。实际上，它指向的是科学与宗教最终的交会点。

第八章

科学与灵性的相会

神是纯然的无

隐藏于当下

你越不向外寻它

它越显现真容

——安格卢斯·西莱西斯[①]（Angelus Silesius）

---

① 译者注：安格卢斯·西莱西斯（Angelus Silesius，1624～1677），德国天主教牧师兼内科医生，同时也是一位神秘主义者兼诗人。

我带着对神的全新理解从印度归来，但是我并不打算重回传统宗教。我想把世界上的灵性传统对人类意识的探索转译为一种适合 20 世纪人的言语和修行方式。

回到剑桥后，我面临的问题是如何把我的新兴趣与学术生涯结合起来。我在理论物理和实验心理学学士课程的最后考试中，得到了"一等"学位（相当于美国的最高荣誉 Summa Cum Laude）。这个成绩几乎保证我会被博士班录取。于是我提出了一项与我的爱好最接近的研究计划——冥想，我想研究冥想引起的大脑和身体的变化。但是我的心理学教授不为所动，他告诉我，冥想还不是一个可以被接受的研究课题。如果我想研究一些边缘性的精神现象，可以去试试催眠，而不是冥想。

我有点气馁，觉得还不如去找一个计算机编程工作。我那时候已经修完了计算机硕士学位，IBM

找过我，看是否有可能到他们的实验室去做最新的
计算机图形学研究。如果当初我接受了他们的邀请，
谁知道我的生活会怎么发展下去——尤其考虑到计算
机图形学在当今世界所扮演的重要角色。但不管怎
么样，多亏这些意外事件，使我的职业生涯开始转
向。

压力实验室

在我的博士研究申请被拒绝一星期后，我的一
位朋友跟他爸爸提起，我的教授对研究冥想的计
划不感兴趣。他爸爸是英格兰西部布里斯托大学
（Bristol University）的教育系教授。几天后，他
碰巧跟他的同事，布里斯托大学的心理学系主任艾
佛·皮尔斯（Ivor Pleydell-Pearce）提起这件事。
然后，我就收到一个邀请，让我去布里斯托大学跟
艾佛教授谈谈。

艾佛教授的研究重点是"压力"，他对冥想很感兴
趣是因为他觉得冥想是缓解精神压力的一剂解药。此
外，他还有一整间尚未投入使用的实验室可供我使用。
我愿不愿来这儿完成博士研究？不用说，答案是肯定
的。很快研究资金也下来了，于是，我离开剑桥，前

往布里斯托。

> 有两种态度过你的人生：一是不相信有奇迹；二
> 是把一切都视为奇迹。
>
> ——阿尔伯特·爱因斯坦

这间实验室的门上贴了个牌子"压力实验室"，我看了就想笑，因为我做的研究是关于放松的，跟压力正好相反。但是，这个实验室非常好用，到处是检测生理反应的仪器，对我的研究来说绰绰有余。好像这还不够完美似的，实验室还配备了隔音间，里头更是一点压力都不会有了。关起门来，屋里完全寂静，当我把灯也关上，这个完全黑暗的环境就像实验室中的喜马拉雅山洞穴一样。我可以在这里为研究对象提供一个干扰最少的冥想环境，而当一天的工作结束后，我自己也有了一个完美的冥想场所。

灵性落地

我的研究以及数位美国同行的研究都揭示出一个现象，那就是"超觉静坐（TM）"能引起与压力反应完全相反的生理变化。几乎所有的压力指标，从心跳到血

压到身体化学变化和大脑活动，在冥想过程中都被完全
逆转了。哈佛医学院的赫伯特·班森（Herbert Benson）
把它称为"松弛反应"，于是乎冥想一夜之间就变成正
经事了。医生开始向病人推荐冥想，老师鼓励学生去尝
试，甚至商业人士也开始学习静坐课程。

对冥想的科学验证也对我自己的生活产生了重要
影响。在我做这项研究的第二年，IBM 又找到我，这
次不是谈计算机图形学，而是问我能不能教导他们的
一些经理级员工进行"超觉静坐"。

于是我的职业生涯开始了。在其后 20 年里，我专
门为各种大大小小的企业设计并教授它们一些训练课
程。我的工作范畴超出了冥想和压力管理，也扩展到
创意、学习和沟通。我的课程一直着重于各种形式的
自我成长，我喜欢把自己在内在之旅中发现的有价值
的想法和练习与他人分享，并把其转化为有意义的形
式，供人们在管理员工、达成企业目标、谈成生意、
支付按揭以及教育小孩等方面使用。

我从来不使用灵性术语。我大部分的工作对象是
听到一点与宗教和神秘主义有关的蛛丝马迹就逃之夭
夭的人。我认为如果灵性智慧是永恒和遍布一切的，
它就应该以契合当代生活的语言来表达——也就是科
学和逻辑的语言。因为灵性发展要被广泛接受，它必

须是理性所能接受的，必须在当今世界观的框架内发挥意义。

> 没有宗教的科学是跛子，没有科学的宗教是瞎子。
>
> ——阿尔伯特·爱因斯坦

在布里斯托，我也开始了写作生涯。我在那儿的最后一年，一本学术杂志的编辑邀请我写一篇关于意识的文章。我向他解释我是科学家，不是作家。但他让我相信，他身为编辑的职责就是不管我怎么写他都会帮我编成一篇优美的文章。交稿之后，我竟颇为惊讶地听到他说，我的文笔流畅易懂。

几年以后我才想到原因，是我的数学训练结出了这个意想不到的果实。我写作的时候就像一个数学家，构造出一套逻辑，然后将我的想法一步一步推向预期的结论。

在离开布里斯托之前，我开始了第一本书的写作，《超觉静坐技巧》(*The TM Technique*)。我想厘清有关超觉静坐的一些概念性错误，并把对冥想的科学性研究成果整合进来。这本书出版之后，BBC邀请我录制了一个关于冥想的系列节目，然后根据这个节目，我又写了第

二本书《冥想》（*Meditation*）。两年后，我和一个朋友把
印度哲学的奠基之作《奥义书》（*Upanishads*）翻译成英
文。随着我在商业领域工作的增加，我又写成了《脑之
书》（*The Brain Book*）和《创意经理人》（*The Creative
Manager*）。另外两本书《全球脑》（*The Global Brain*）和
《时光白洞》（*The White Hole In Time*）则探索了与自我
成长有关的当代议题，尤其是资讯爆炸和我们不断加快
的发展步伐[①]。

当我继续探索灵性教诲里关于意识的内容时，我
对进化论产生了浓厚的兴趣——不只是生物学进化，
而是一个更大背景下的演化，从早期宇宙中原始物质
的出现到近代人类文明的发展。我发现，物质形态演
变的同时，意识进化也在同时进行着。我领悟到，人
类这个物种未来的发展，不是争相进军太空，而是探
入潜藏的意识深处，并最终走向神。

正如我在前言中提到的，对意识演化的兴趣使我
得出结论，目前的科学元范式是不完整的，意识应该
被当成现实的主要元素被包括进来。在苦思范式转移

---

① 原注：《全球脑》最初在英国出版时，名字叫《觉醒的
地球》（*The Awakening Earth*），后来再版时定名《全球脑大觉
醒》。修订版的《时光白洞》最近以《及时觉醒》（*Waking Up
In Time*）之名出版。

141.

的本质后，我发现就像科学会通过一系列范式转移进化一样，宗教也是如此，而且这两股范式的转移似乎会往同一个方向迈进。

精神范式

最早的宗教或许要追溯到当人觉察到自己是有意识的，并且也认识到其他人也有意识的时期。这其实离其他生物也有意识的假设仅一步之遥。如果我们真的能望进一头熊或一只乌鸦的眼睛，我们就不难想象"里面"是一个有意识的存在。以此类推，这种假定也适用于植物，以及一些自然景观如河流与山脉。它们都有属于自己的灵魂或灵性。

这种神灵的存在，为早期人类无法解释的很多事情提供了答案：为什么会下雨？为什么火山会爆发？为什么人会生病？为什么意外会发生？如果一块岩石从山上滚落，砸中了一位部落成员，那可能是山神发怒了。所以他们会尝试用各种方法去平息神灵的怒气——也许是做一次献祭，或者借由祷告祈求神灵的宽恕。

假如我们在这样一种传统中长大，我们就会将这类信仰理解为现实。这些信仰会构成我们的文化范式——不是科学范式，但也是范式，从而塑造我们对现实的看法，日常生活的体验也会被纳入这一框架下被理解。即使观察到任何反常的情况（祭祀山神并不能保证岩石不会再滚下来伤人）也都会被忽略，或以某种方式纳入既定的世界观。

多神

随着文明的进化，人类对神灵的观点也发生着改变。不仅仅每个动物和植物有自己的神灵，每个物种还有自己的保护神。比如有橡树神、熊神、乌鸦神等等。其他自然现象也被自己的神灵掌控——如雷神、风神、大地女神。这些神灵并不居住在特定的植物或动物的物质形态中，而经常居于高空中、山顶上或其他一些遥远的地方。

从栖息在自然形态中的神灵向超自然神灵的转变，预示了一个新的信仰范式的转移，那就是多神论的出现。在早期宗教信仰中，神灵的存在解释了很多事情。在希腊神话里，阿波罗（Apollo）驾着四匹战马拉的车，携着太阳横越天空，大力神赫拉克勒斯（Hercules）将整个世界托举起来，丘比特（Cupid）能令人坠入爱河……这些神具有很多人类的特征，他们可能是仁慈

的、野心勃勃的、爱争吵的、有嫉妒心的、会发怒的、
睿智的。有些神是恶神,有些是善神。

这些神都对参与人类事务热情有加,他们会照顾人
们所需,也会按照一定的法则和秩序掌管宇宙。那些表
现极为恶劣的神会受到惩罚,无论是今生还是来世——
因此出现了许多关于他们的神话,而愿意为自己的劣迹
改过自新的神则会被原谅。

一神

接下来的范式转移是从多神减少为一个全能的真
神。公元前 600 年左右,波斯出现了一位名叫查拉图
斯特拉 ① (Zarathustra) 的年轻人 (传说为处女所生),
他开始宣称只有一个真神的理论。仍然有各种天使、
大天使和魔鬼,但只有一个真正的救世主,就是阿胡

---

① 译者注:查拉图斯特拉 (约前 628 ~ 前 551),古代波
斯先知。出身于米底王国 (今伊朗北方) 一个贵族骑士家庭,
早年生平不详,传说如耶稣般,母亲是处女。20 岁时弃家隐居,
30 岁受到神的启示,改革传统的多神教,创立拜火教。德国哲
学家尼采的著作《查拉图斯特拉如是说》即假托其名,以为寓
言。

拉·马兹达① (Ahura Mazda) (贤明的主)。查拉图斯特拉的教诲衍生出琐罗亚斯德教② (Zoroaster 是查拉图斯特拉的希腊文写法)。虽然琐罗亚斯德教在今天这个时代已经成了一个很小的教派，但是它为今日主要的一神宗教——犹太教、基督教、伊斯兰教的诞生，开辟出了一条大道。

起善念，做好事，讲真话。

——查拉图斯特拉

在这些一神论宗教中，神是一个特殊的、绝对的、个人化的存在——具有超人智能，无所不能，无所不知。他（神通常以男性形象出现）不仅创造了自然界，还一直关注着它，并照看其子民。

对神虔诚的爱开始在这类宗教中扮演重要角色。

---

① 译者注：在琐罗亚斯德教中，阿胡拉·马兹达是代表光明的善神，安格拉·曼纽是代表黑暗的恶神；善神的随从是天使，恶神的随从是魔鬼，互相之间进行长期、反复的斗争，为了战斗，阿胡拉·玛兹达创造了世界和人，首先创造了火。

② 译者注：琐罗亚斯德教，即拜火教，中国称之为"祆教"，是基督教诞生之前中东和西亚最具影响力的宗教，古代波斯帝国的国教。琐罗亚斯德教的思想属西方理论定义下的二元论，有学者认为它对犹太教及后来的基督教和伊斯兰教影响深远。

那些爱神的人，会得到神的爱作为回报，当然爱自己的人类同胞也同样重要——虽然在实践中，许多人会觉得爱那些信仰其他神的人类同胞着实有些困难。

无神

从多神论向一神论的过渡中，无神论，或"没有神的宗教"，也出现了。一个没有神的宗教看起来似乎有些自相矛盾，但是几大主要文明传统其实都是围绕无神论产生的。

在印度，公元前 6 世纪，一个名叫"大雄①（Mahavira）"的王子对传统的吠陀教信仰感到幻灭。

① 译者注：大雄（Mahavira，约前 599～前 527），即"伟大的英雄"，也译为马哈维那。大雄出生在印度比哈齐，也与释迦牟尼的出生地为同一个地区，只是他的出生时间略早。他与释迦牟尼一样，是部落首领的儿子，在优越的环境中长大。30岁时他放弃了财产、家庭（他有一个妻子和女儿）和舒适的环境，决定出走寻求真理。经过 12 年苦行僧般的生活，在 42 岁时他认为自己大彻大悟了，开始用余下的 30 年生命游方传道。他创立了耆那教，其学说与佛教和印度教在很多方面有相似之处，耆那教相信人的肉体可以死亡，而人的精神不死，只是投生到别的生物上，并不一定是人。耆那教相信因果报应，善有善报，恶有恶报，为了去掉人精神中恶的积累，就必须清洗自己的罪过，这是耆那教的首要目标。耆那教另一个主要思想是不伤生，即非暴力主义。不伤生包括人和动物，依此，耆那教徒均为素食主义者。

吠陀教主张用无辜的动物进行献祭，宗教活动里充
斥着毫无意义的繁琐仪式，并且相信一些人造的虚
假神祇。大雄宣布放弃奢华的王宫生活，身无分文
地在各地游荡长达 13 年之久，试图找出一条更正确
的道路。一天，在深层冥想的状态下，他突然体验
到与万物合一的感觉，随之从世俗的困境中彻底解
放出来。他宣称自己是"耆那（Jina）"、"征服者"——
征服了头脑，并鼓励他的追随者、耆那教徒，通过
非暴力、无害的、正确的生活方式来达到与他相同
的解脱。

没过多久，另一位印度王子悉达多·乔达摩也放
弃了舒适的宫廷生活，致力于寻找熄灭痛苦的方法。
六年后，在深层禅定的状态中他也得到了解脱，从此
被称为"佛陀（Buddha）"——一个觉悟的人。佛陀认
识到，痛苦是不必要的、自我造作的产物。他开始教
导人们如何觉醒并找到真正的自由。

同一时期，中国也出现了两种无神宗教。像印度
的耆那与佛陀一样，中国的老子和孔子也教导人们无
须信仰任何神灵，一样可以发现真理并获得内心的平
静。他们也主张人要过一种简朴的、充满美德的、诚
实的，尤其是富有仁慈之心的生活。

"你是上帝吗？"他们问佛陀。

"不是。"佛陀回答。

"那你是天使吗？""不是。"

"圣人？""不是。"

"那你是谁？"

佛陀说："我是觉者。"

——休斯顿·史密斯 [①] (Huston Smith)

第四次宗教范式的转移不再有一个仁慈且能供给人类各种好处的神，也不再有干预人类事务的任何超自然力量的代言人。每个人的命运就握在自己手里。但也有一些相同原则被保留下来，那就是爱、仁慈和正直的生活是重要的，从世界的痛苦中获得救赎是可能的。从某种意义上说，恶仍然存在，但恶存于人的内心之中，现在的目标是将人的心灵从加于己身的各种限制——欲望、执著、妄念和虚假的自我感——中解放出来。

万物皆神

伴随着各种多神论、一神论和无神论一起出

---

① 译者注：休斯顿·史密斯（Huston Cummings Smith，1919~ ），美国著名的世界宗教学者，他指出世界所有智慧传统都有其共同点，但这些传统不太可能汇集成一种世界宗教。

现的，是另一种经常出现在灵性教诲中的泛神论（Pantheism），意即"神是所有一切"。

泛神论思想在多数文明中出现了不止一次。苏菲神秘主义者伊本·阿拉比（Ibn-al-Arabi）写道：

神在本质上就是万物。一切造物的存在均是神的存在。在此世间或彼岸，没有一物在神之外。

神秘主义者艾克哈特也宣称：

神无处不在，且是无所不在的圆满。神流入万物，在每一样本质中显现。神在一切的最深处。

神在岩石中沉睡，
在植物中梦想，
在动物中蠢动，
在人类中觉醒。

——苏菲教义

在西方哲学中，泛神论声名鹊起源于 19 世纪初黑

第八章
科学与灵性的相会

格尔 ①（Georg Hegel）的著作。黑格尔认为不仅一切的存在都是上帝的显现，整个历史也是上帝自我实现的一部分。类似的观点还可以在 20 世纪哲学家怀海德、德日进 ②（Pierre Teilhard De Chardin）和圣奥洛宾多的著作中找到。

爱因斯坦就是个泛神论者。他并不相信传统宗教中关于神的观念，但是他相信：

> 有一种精神展现着宇宙的规律——这种精神远远高于人类，当我们以谦卑的力量面对它时，会感到自己多么卑微渺小。

---

① 译者注：乔治·威廉·弗里德里希·黑格尔（Georg Wilhelm Friedrich Hegel，1770～1831），德国哲学家，著有《精神现象学》《哲学全书》《小逻辑》等，其著作覆盖历史、哲学、宗教、美学等。黑格尔坚持，必须在"世界精神"的大脉络下观察历史上的思想与冲突，如此将会发现这些冲突只是局部的混战与不合，而非决定性的对立。在无所不包的精神中，无论不合有多严重，争端有多激烈，问题有多难回答，全都会与这种精神结合统一。

② 译者注：皮埃尔·泰亚尔·德·夏尔丹（Pierre Teilhard de Chardin，中文名"德日进"，1881～1955），法国哲学家、神学家、古生物学家、耶稣会教士，曾在中国工作多年，参与了周口店"北京人"的发掘工作。德日进从考古发现出发，提出了关于宇宙、生物、人类、精神逐层进化的观点，认为世界是进化的，从物质到生命，再到人类和精神，最后将走向上帝之中的统一。

　　纯粹的泛神论者相信，神是万事万物的本质。而
另一些万有神在论者（Panentheists，意即相信神在所
有之中，而不是神是所有）则相信神存于万物之中，
却仍然超越于它们。有些泛神论者相信物质世界的现
实，有些则认为那都是幻觉。有些相信个体灵魂的存
在，有些则不信。但所有这些泛神论者都反对一个概
念，那就是神是与我们分离的、至高无上的、具有超
能力的存在，不仅是世界的创造者而且也决断着人间
事务。

　　在这个时代，许多人其实都是泛神论者，只不过
自己没有意识到罢了。没有教堂，没有经典，也没有
宗师，泛神论不像其他宗教那样有显而易见的标识，
也没有正式的组织可加入。许多人对传统一神论宗教
并不认同，却相信在某个更深的神圣存在中，也许可
以找到自己和泛神论观点的共通处。

　　泛神论，使宗教似乎兜了个圈回到原地。人类最
初的宗教信仰就认为万物都有其内在神性。泛神论也
坚持这一点，但认为这个神圣精神并不具有人类那样
的特质和弱点。

　　很明显，泛神论与之前第三章提到的泛心论并无
太大不同。实际上，如果我们认为神和意识的能力是

一种东西，那么意识存于万物的观点，就会变成神存于万物。

交会点

科学的世界观与灵性的世界观并非如今天这般疏远。其实在五百年前，两者几乎是没有区别的。当时有限的科学是涵容于基督教教廷确立的世界观之内的。借由哥白尼、笛卡尔、牛顿这一代又一代科学家和哲学家的努力，西方科学逐渐从一神论的宗教教条中解放出来，建立了自己的无神论世界观。虽然这与传统宗教的世界观极为不同，但我相信两者最终会重新汇流一处，而他们的相会点就是意识。当科学视意识为现实世界的基本特质，而宗教则把神看作闪耀于我们之内的意识之光，那这两种世界观就会开始会合一处。

两者的融会并不会带来任何损失。数学还是数学，物理、生物学、化学继续照旧。这种转变可能会为相对论与量子论的悖论带来一些新的启示，而两种理论本身并不会发生改变。这就是范式转移的共同方式：旧的现实模型被作为特例纳入新的模型中。爱因斯坦的范式转移对以日常速度运动的观察者来说，并没有什么不同，据我们所知，牛顿的运动定律仍然适用。同理，即使认识到意识是现实的基本特质，也不会改变我们对物质世界的观感。然而，它却会使我们对自己有了更深的理解。

灵性方面也是如此。过去数代累积下来的智慧并不会因之改变，宽恕、仁慈和爱仍然是最重要的法则。对于神的许多传统说法会保留下来，只不过这些说法现在也适用于意识的功能。所不同的是，灵性教导和科学知识都把意识作为共同的基石。这也是范式转移的另一个特征。牛顿用万有引力法则容纳了地面力学和天体力学，麦克斯韦尔用一组方程式整合了电、磁和光，当意识的元范式进行转移时，涉及的整合将更为深远。它把人类探索真理的两根廊柱置于同一个屋檐下。

这场科学和灵性的相会将十分关键，它不仅会使我们对容身的这个宇宙有更深的了解，也对人类这个物种未来的发展至关重要。今天，我们比以往任何时代都更需要一种灵性参与的世界观，因为我们这个时代的许多危机，其背后的原因都是灵性的干涸。

第九章

大觉醒

感谢神，

我们生于遍是错误的时代。

我们会一直出错，

直到完成灵魂空前的跨越。

事物眼下有了灵魂的维度，

人间的事业通向神。

——克里斯托弗·弗莱 [①]（Christopher Fry）

[①] 译者注：克里斯托弗·弗莱（Chirstopher Fry，1907 ~ 2005），英国剧作家，其宗教类戏剧卓有建树。著有《不该受火刑的女人》《云雀》等。

我越是深入研究意识的本质，越体会到内心的觉醒已成为现代人类的当务之急——这个世界，尽管科技突飞猛进，却似乎陷入日益加深的困境之中。

今天出现的大部分问题——从个人的焦虑到社会、经济和环境问题——都是人类的行为和决策造成的。这一切都根源于人类的思考方式、情感和价值观，它们受到我们信念的影响——我们相信快乐来自于我们拥有什么和做了什么，我们日益脆弱的自我意识导致我们对这个世界需索无度，心理问题是这一切问题的源头。我们身边持续加深的危机，只不过是我们更深层面的内在意识危机的显现罢了。

这个危机由来已久。它的种子在千万年前就种下了，那时人类的进化出现了飞跃，自我意识出现了，意识变得能够觉知自己。

自我意识的第一步显现也许和一个人对自己部落和亲族的身份认同有关，但个人自我的认同还不强烈。

这个内在意识逐渐演化，变得更为聚焦，直至今天已经让我们明确意识到，我们有一个独特的自我，有别于他人及自然环境。

> 如果男人和女人是从野兽进化而来的，那他们演化的终点将会是神。
>
> ——肯·威尔伯① (Ken Wilber)

我们意识到，个体自我的存在并非我们内在演化的终点站。人类历史上不断有一些圣者发现，意识比我们所认识到的更为宽广无边。这个自我不但不是我们的真实身份，而且还有严重的缺陷。假如我们的自我意识局限在一个分离的、依赖的、永远易受伤害的状态，我们的思考就会扭曲，我们的行为会被误导，从而带给我们很多不必要的痛苦。要想让自己从这些缺陷中解放出来，就必须深入内在之旅，亲身去发现

---

① 译者注：肯·威尔伯 (Ken Wilber, 1949～　)，美国超个人心理学家、哲学家。他的思想继承了东西两种文化传承中的灵性洞见，但更具现代性。他主张人必须朝着更高的意识发展，而这些高层意识虽然隶属于主观的内在精微次元，却是含摄科学与理性的；我们这个时代必须发展出一个由空性含摄知识万有的整合视见。著有《万法简史》《意识光谱》《性、生态与灵性》《一味》等。

意识真正的本质。

最后一关

过去，更多地认识真实自我是获得个人幸福安乐的关键。今天，这个游戏变了，它也成为人类集体生存的迫切需要。

我们对外在世界的认识这些年来突飞猛进，使我们具备了前所未有的改良和操纵外在环境的能力。我们操控科技的潜力被无限放大，以为可以创造出任何我们想要的东西，相比之下，我们对内在世界的认识却以缓慢的速度增长。我们像两千年前的人一样，仍然受制于自我意识的缺陷，这成了我们现在问题的源头。先进科技也许强化了我们控制生存环境的能力，但同时也放大了我们尚待发展的意识的缺陷。受这种意识衍生出的身份认同以及内在福祉仰赖于外在环境的信念的驱动，我们误用了高科技的力量，恣意掠夺和毒害这个星球。

我们已经到了富勒[①]（Buckminster Fuller）所说的
"进化的最后考验"的拐点上。摆在我们面前的问题很
简单：我们是否能超越这种受限的意识模式？我们能
否抛开自我的幻象，发现我们真正是谁，并找到我们
迫切需要的智慧？

> 我们这个物种聪明过头，以至于没有智慧。
>
> ——修马可[②]（E. F. Schumacher）

视野所及，问题无处不在。自然环境的恶化迫
使我们反省自己优先生存的价值观；政治和经济的危

---

① 译者注：巴克敏斯特·富勒（Richard Buckminster
Fuller，1895～1983），美国未来学家、建筑师和发明家。富勒
的一生对人类文明影响极为深远，他曾许下50个愿望，并尽毕
生之力去实现。在他去世之前，一共实现了48个愿望，其中包
含巨蛋建筑设计、跨国经济整合、世界性合作趋势等非常具前
瞻性的理论以及各种发明。他提倡的低碳概念启发了科学家并
最终获得诺贝尔奖。他宣称地球是一艘太空船，人类是地球太
空船的宇航员，地球以时速10万公里行驶在宇宙中，我们必须
知道如何正确运行地球才能幸免于难。

② 译者注：修马可（E. F. Schumacher，1911～1977），
英国经济学家，其著作在20世纪70年代很流行。他批评西方
经济体系和技术之上主义，提出人的需求是无穷尽的，而无穷
尽的境界只能在精神的领域中求得，绝不应在物质的领域中求
得。著有《小即是美》（Small is Beautiful）一书，说"人很渺小，
所以小就是美"。

机揭示了自我中心思维方式的缺陷；唯物主义的幻灭敦促我们深思，什么才是我们真正想要的；空前加速的变迁使我们来不及去思索事情应该如何发展；许多社会问题反映了当代价值观的内在荒芜。我们的人际关系不断挑战我们去超越恐惧和评判，让我们学会无条件地爱。种种迹象都传达出一个声音："觉醒吧！"

灵性复兴

今天，灵性复兴的压力前所未有，灵性复兴的可能性也前所未有。

我们对灵性道路的选择已不像过去那样局限于我们生来所遵循的传统。我们可以从整个世界的智慧宝库中学习，我们可以从佛教、基督教、萨满教这些不同的传承中学习，我们可以从几千年前的灵性教诲中汲取营养，也可以深入了解当代智者的洞见。

而且，这些教诲可以被原汁原味地保存下来，这在过去是无法做到的。过去，灵性教诲是从人到人的口传心授，在被翻译成不同语言并为外来文化所吸收后，有些教诲不可避免地走样甚至失传了，或者被额外添加了别的成分，剩下来的并不尽如原意。

今天，灵性教诲可以用更准确和方便的方法传播。我们可以在旅行途中看视频、听录音；可以透过卫星转播，收看地球另一端举办的讲座实况，并录下来供日后观看；我们可以在地球上任何角落与任何人直接对话；我们可以从互联网上下载无数那些我们也许从未遇见也不认识的同胞的洞见和领悟。人类历史上第一次，灵性智慧的精髓可以遍及全球。

> 文明的终极工作，是将更深层次的精神领悟展现开来。
>
> ——阿诺尔德·汤因比① （Arnold Toynbee）

过去数世纪，人类主要是从自身经验和周遭世界中学习，而今天我们可以从全球数之不尽的学问中获益。我们正在相互催化彼此的觉醒。

---

① 译者注：阿诺尔德·约瑟夫·汤因比（Arnold Joseph Toynbee，1889～1975），英国历史学家。著有十二册的巨著《历史研究》，讲述世界26个主要民族文明的兴起与衰落。他曾预言，人类要想解决21世纪的问题，必须要到中国的孔子思想和大乘佛法中汲取智慧。

集体觉醒

我在 20 世纪 60 年代开始探索意识真相的时候，当时就这个话题所能找到的书籍资料很少。虽然剑桥大学有全英国最大的书店，但是这类"秘传学问"的书籍也只能在神学类别的一个小角落里找到。30 多年后，情况完全改观，现在在西方很难找到一个城市或大的市镇，没有关于个人成长和人类觉醒书籍的书店①。

过去 30 年中，这个领域出版的书成千上万。这说明人们在个人觉醒的过程中提出了难以胜数的见解和发现，并希望将这些洞见与他人分享——也许用出书的方式，也许用演讲和录音带，也许通过互联网，或者仅仅是和朋友及家人聊聊天。我们每个人在灵性上越成熟，我们所能给予他人的就越多；我们都越成熟，我们对集体觉醒的贡献就越大。

这些相互回馈不仅使人们有了更多渠道来获得关

---

① 原注：我并不是说这些书都能真正反映出不朽的灵性智慧。任何有关人类探索的书籍，即使其内容有待怀疑，都被归为所谓的"新世纪（New Age）"类别。就像之前那些先驱者经历过的，探寻真理的道路上有不少岔路和歧途，需要多加小心和辨识，才能够去芜存菁。

于内在成长方面的资讯和指导，也使我们可以相互切
磋对于根本智慧的理解。当我发现了一种教诲能与我
的内心产生共鸣，能使我对意识的理解更清晰，并对
我的内在修为有所帮助，那么很自然的我会把这些融
入我的思想里。这些想法和洞见会反映在日后我与他
人的交流中，他人可能会从中找到共鸣，厘清他们的
思想。我们彼此调试着对灵性智慧的理解，并在共同
领悟内在世界的过程中靠得更近。

有越多心灵的共鸣，

他们的爱就会越强烈，

如镜子般，灵魂映照着彼此。

——但丁 [①]（Dante）

当我们分享彼此的领悟，我们对灵性知识的各种
表达到最后会听上去越来越相像。在我最近做的一场
演讲中，有个听众问我说的这些东西与其他人讲的有
什么区别。我回答说："我希望没有。"假如我所讲的
跟他们所传授的有显著差别，那恐怕是我偏离大道了。

————————

[①]　编者注：阿利盖利·但丁（Dante Alighieri，1265～1321），
意大利诗人，现代意大利语的奠基者，欧洲文艺复兴时代的开
拓人物之一，以长诗《神曲》留名后世。

在今天这个时代，我们很容易陷入一种迷思，就是越新的东西越好。我们对物理学、生物学和天文学领域产生的新突破兴奋不已，然后很快去拥抱不断进步的医疗技术和新的信息科技。但是牵涉灵性领域的科技，最好的还是那些经过了时间检测和亲身实证的教诲。

在人类历史发展进程中，我们的外部生存环境已经发生了沧海桑田之变，我们所持有的许多观念也与古人大相径庭，但是在大脑运作的方式上，我们却从未改变。我们对现实的主观诠释方式，我们受限的自我认同方式，我们在执著与恐惧下采取行动的方式，我们为自己制造痛苦的方式——这些都从未改变过，而那些能够帮助我们从这些疑障中解脱的基本修行方式也从未改变。在这个领域中，不需要新知识，需要的只是把这些不朽的智慧重新以契合当代人思维的方式加以阐释。

桥梁

佛陀以适合古印度的语言来阐述他的见解，耶稣以适合两千年前犹太教的用语传教，穆罕默德的言教则契合了他那个时代和文化。今天我们在重新整合这些根本智慧时，也要以适合 21 世纪的语言来表达。

我们生活在一个科学和理性为主导的时代。新的想法要被接受，就必须符合我们的理性思维并经得起检验。仅仅与我们的直觉共鸣是不够的，它们还必须与当代世界观有所契合。

数百年来，我们的主导世界观都基于这样一个假设——现实世界就是由空间、时间和物质组成的世界。这种唯物主义模式成功地解释了世界上大多数现象和奥秘——它解释得如此成功，以至于神的存在的可能性被排除和否定了。

天文学家往空间深处探索，触摸**宇宙的边缘**；宇宙学家往时间深处探索，接近**造物的起始**；物理学家深入物质的构造，发现宇宙的**基本组成元素**。在每个领域里，他们都没有发现神存在的证据，或者神存在的必要性。这个宇宙似乎不需要神的协助，也一样能完美运转。

30 年前我也接受了这样的逻辑，今天我却意识到，当初被科学和我拒绝的那个神的概念是多么幼稚和过时。当我们阅读和思考那些伟大圣贤的著作时，我们在其中找不到神存于这个空间、时间和物质现实中的说法。他们谈到神——神灵、圣光、挚爱的、耶和华、耶洛因（Elohim，希伯来语中对神的称呼）、梵、佛性、造物背后的存在——这些通常指的是一种深奥的个人体验。如果我们想找到神，我们就必须向内看，深入**心灵的深处**——而这是西方科学尚未探索的领域。

我相信，当我们完全深入到心灵本质的领域，就像我们深入空间、时间和物质时，我们会发现意识就是那个等待已久的联结科学与灵性的桥梁。

这也许就是新的元范式的最大价值。把意识作为宇宙的基本元素纳入我们的世界观，这个全新的现实模型不但能够解释意识的异常现象，也能以契合时代的语言，对那些古老的灵性智慧加以验证，并鼓励我们重新踏上自我发现的旅程。

听着，朋友！

挚爱的主居于内。

——迦比尔[①]（Kabir）

当这种新的世界观变成了一种个人体验——我们

---

① 译者注：迦比尔（Kabir，1398～1518），古代印度诗人，印度最有名的圣者之一。他指明，不论是印度教徒还是穆斯林，他们都在崇拜同一个神，只是神的名称不同而已。无须远求，因为神无处不在，只等你去发现。他要求人们放弃外在的仪式和苦行，去寻找更为内在的和灵性的东西，在心中找到神，在爱中与神合一。

感知现实的方式发生了改变，而不是对现实有了新的理解——我们的世界就会以一种我们难以想象的方式发生改变。五百年前，哥白尼无法预见他的新宇宙模型会带来如此全方位的影响，今天，我们也无法想见，当我们的后代在成长过程中能够理解意识是原初的，并且每一个人都是神圣的，未来世界会变成什么样子。

但有一件事可以预言，那会是一个更慈悲也更睿智的世界。在那个世界里，人们很自然就会拥有圣方济各①（St. Francis）的同情心、马哈希的见解以及佛教高僧的智慧。我们会从无数幻象中解脱出来，从恐惧和评判中解脱出来，不再彼此制造无谓的伤害和痛苦，而内在的幸福感和快乐将会成为社会进步真正的衡量标准。

———————

① 译者注：圣方济各（St. Francis of Assisi, 1182～1226），天主教方济各会和方济女修会的创始人，也是动物、商人、天主教教会运动以及自然环境的守护圣人。据记载，圣方济各曾经向神祷告，让他了解耶稣所受之苦，最后他的手脚不但都出现了标记，甚至还不可思议地显现出真实的钉痕，这也是至今为止罗马教廷唯一承认的圣痕。圣方济各的和平祈祷文流传至今，内容为：主啊，请将我塑造成和平工具，哪里有伤害，让我传达宽恕；哪里有仇恨，让我播种爱德；哪里有疑惑，让我提供望德；哪里有绝境，让我带去喜乐。主啊，请赏赐我所梦寐以求的，不是被理解，而是去理解；不是被安慰，而是去安慰；不是被人爱，而是去爱人。因为，只有给予，我们才会获取；去原谅，我们才会被宽恕；死于旧我，才会获得永生。

那天快来了，

当我们能驾驭风、潮汐和地心引力，

我们就会为了神而善用爱的力量。

在那天，有史以来第二次，

人类将发现火。

——德日进（Teilhard De Chardin）

　　以今天的标准看来，这听上去像是地球上的天堂，然而这不就是那些灵性教导所一直预言的？当我们认识到思维的盲点，放弃我们的执著，转化我们受限的自我意识，发现我们存在的真正本质，那时光明就会驱走黑暗，我们将获得追寻已久的救赎，我们的心灵将归于平静。

关于作者

彼得·罗素（Peter Russel），获英国剑桥大学（University of Cambridge）颁发的物理学和实验心理学荣誉学士学位及计算机硕士学位，曾在印度学习冥想和东方哲学，后在布里斯托大学（University of Bristol）进行冥想的神经生理学研究。

身为一位作家和演讲家，他探索人类意识的潜能——整合东方智慧传承与西方科学实践——与世界各地的读者分享他关于意识的本质、全球性变迁和人类进化方面的发现和见解。

彼得·罗素也是最早为企业提供个人成长课程的导师之一。在过去 20 年间，他曾在 IBM、苹果电脑（Apple）、美国运通（American Express）、巴克莱银行（Barclays Bank）、瑞典电讯（Swedish Telecom）、耐克（Nike）、壳牌（Shell）、英国石油（British Petroleum）和其他一些知名公司担任企业顾问。

他的著作包括《超觉静坐技巧》（*The TM*

Technique)、《脑之书》(*The Brain Book*)、《奥义书》(*The Upanishad*)、(译著)《全球脑觉醒》(*The Global Brain Awaken*)、《及时醒悟》(*Waking Up In Time*)等。他也制作了获奖纪录片《全球脑》(*The Global Brain*)和《时光白洞》(*The White Hole In Time*)。

更多有关彼得·罗素的信息可查询他的网站：www.peterussell.com

责任编辑：陈　曦
装帧设计：主语设计

图书在版编目（CIP）数据

从科学到神：一位物理学家的意识探秘之旅 ／（英）

罗素著；舒恩译．—深圳：深圳报业集团出版社，2012.12
　ISBN 978-7-80709-483-8

Ⅰ．①从…　Ⅱ．①罗…　②舒…　Ⅲ．①科学哲学－研究
Ⅳ．① N02

　中国版本图书馆 CIP 数据核字 (2012) 第 237279 号

从科学到神

CONG KEXUE DAO SHEN
一位物理学家的意识探秘之旅

（英）彼得·罗素　著

舒恩　译

深圳报业集团出版社出版发行
（518009　深圳市深南大道 6008 号）

三河市华晨印务有限公司印制　新华书店经销
2012 年 12 月第 1 版　2012 年 12 月第 1 次印刷
开本：787mm×1092mm　1/16
印张：11.75　字数：50 千字
ISBN 978-7-80709-483-8　定价：28.00 元